Identifying Japanese Wild Herbs
by Flowers & Leaves

花と葉で見わける野草

本書の使い方
How to use this book

本書は、身近で見られる帰化植物を含む野草約330種を紹介。見分けに役立つ"花と葉の特徴"が分かるように、野草を分類順に掲載します。花は植物の種類ごとに特徴的な色やつくりがあり、名前を調べる一番の手がかりです。葉の形や色は、花のない時期でも観察できるので、二番目によい手がかりになります。

✻ 大きな区分を表す
① 双子葉植物合弁花類
② 双子葉植物離弁花類
③ 単子葉植物類

✻ 大きいマーク
同じ属の植物で、すがたが似ているものを"なかま"として掲載。

✻ 小さいマーク
見開きのなかで、大きいマークの植物とすがたが似ているが、属が違うもの。

✻ 科名
科ごとにマークと色が変わる。

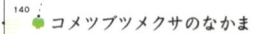

✻ 豆知識
見分けの参考になる情報など。

コメツブツメクサ 米粒詰草
Trifolium dubium

道ばた、草地、畑のわきなどの日当たりのよいところに群生する。茎は枝分かれする。春~夏、長さ約3mmの黄色の花が集まって球状の花序をつくる。ヨーロッパ~西アジア原産で、1935年東京都の赤羽の荒川で見いだされた。現在は日本全土に分布する。シャジクソウ属。

✻ 植物名
✻ 漢字名
✻ 学名
✻ 解説
"なかま"は、初めに登場する植物に共通の特徴を集約。分布は小笠原諸島を除く地域が対象。

✻ ポイント
似た植物との見分けに役立つ特徴を表す。

✻ コラム
その植物にまつわるエピソードを紹介。

主な科の特徴
Characteristics of Important Families

① 双子葉植物合弁花類

花弁が互いに合着して、基部が筒状の花冠となる。

キク科

キクやタンポポなどのなかま。ひとつの花のように見えるのは、小さな花（小花）の密な集まりで、頭花（頭状花）という。総苞は頭花を支える。総苞の裂片を総苞片という。小花は基本的に5個ある花弁の基部が合着。その花弁が大きい舌状花と、筒部が目立つ筒状花がある。

＊ 頭花のつくり

①まわりに舌状花があり、中央に筒状花がある。（ヒメジョオン）

②舌状花だけ。（セイヨウタンポポ）

③筒状花だけ。（ノハラアザミ）

＊ 小花のつくり

舌状花（セイヨウタンポポ）　　筒状花（園芸ギクの1種）

総苞と総苞片。（カントウタンポポ）

サギゴケ科、オオバコ科

花冠の筒が長く、先は5裂し、裂片が上唇と下唇に分かれて唇状（唇形花）となるものが多く、シソ科の花に似る。

唇形花のムラサキサギゴケ

唇状ではないオオイヌノフグリ

ナス科

ナス、ジャガイモ、トマトなどのなかま。花冠の先は5裂する。葉は互生。果実は液を多く含む液果、または2裂する乾果。有用植物もあるが、有毒のものもあるので注意が必要。

ナスの花冠

ミニトマトの果実

シソ科

オドリコソウやシソなどのなかま。花は唇形花で、上唇と下唇がある。葉は対生し、茎の断面は四角形。よい香りがすることがある。まれに茎の断面がまるい種もある。

キランソウ

ホトケノザ

葉は対生し、茎の断面は四角形（カキドオシ）

ヒルガオ科

アサガオやヒルガオなどのなかま。花冠はろうと状、裂片はない。茎はつる性。

茎はつる性（アメリカアサガオ）

アサガオ

アカネ科

アカネやヤエムグラなどのなかま。花冠の先は4〜5裂。葉は対生する。托葉があり、それが葉と同形の場合には、輪生するように見える。

花冠の先が4裂　　　花冠の先が5裂　　　輪生するように
(ヤエムグラ)　　　(ヘクソカズラ)　　　見える葉(アカネ)

② 双子葉植物離弁花類

花弁はふつう互いに離れている(離生)。

セリ科

セリ、チドメグサ、ニンジンなどのなかま。茎の先に、花火のように開いた花の柄や、上に向かって三角形に開いた花の柄に、小さな花をつける。葉は複葉や単葉のものがある。

花火のような花の集まり(ニンジン)　複葉(オヤブジラミ)　単葉(チドメグサ)

ウリ科

カラスウリ、メロンなどのなかま。ウリ状の果実をもつ。花弁は5裂し、合着して筒になるか、離生する。雄花と雌花がある。茎はつる性。

雄花(キュウリ)　　　雌花(キュウリ)　　　茎はつる性(カラスウリ)

スミレ科

スミレやパンジーなどのなかま。花は5弁で、正面から見ると2個の上弁が並び、その下に左右2個の側弁と唇弁がある。唇弁は、後方にふくろのような部分(距)をつくる。

スミレ

スミレ

トウダイグサ科、コミカンソウ科

ノウルシのように、雌花1個と雄花数個が、つぼのようになった総苞に入る種(杯状花序)と、コミカンソウのように雌雄同株で、花被片が6個あるものがある。トウダイグサ科には白い液を出し、有毒のものがあるので注意が必要。

ノウルシのなかまの杯状花序

コミカンソウの雄花

有毒のノウルシの液

カタバミ科

花被片は5個。カタバミ科の大部分を占めるカタバミ属は、葉はふつう3あるいは4個の小葉からなる複葉で、夜や曇りの日は小葉を閉じる。全体にシュウ酸を含む。

ムラサキカタバミ

カタバミ

小葉を閉じる(カタバミ)

マメ科

ゲンゲ、シロツメクサ、スイートピーのなかま。花は5弁で、直立する大きな旗弁1、左右の翼弁2、前につき出る竜骨弁（舟弁）2個からなる。竜骨弁はくっついてボートのようになる。さやのある果実（豆果）ができ、中に豆（種子）がある。茎はつる性で、葉はいろいろな複葉。

ゲンゲ　　　　　　　　　　　　カスマグサの果実

羽状複葉のカラスノエンドウ　　　3小葉の複葉のシロツメクサ

バラ科

ヘビイチゴ、バラ、イチゴのなかま。花弁は5個で、萼が皿状や筒状になっていて、その縁に雄しべがつく花床というものがある。花床がイチゴのようにふくらむものや、ふくらまないものがある。

ヘビイチゴ　　　ふくらんだ花床　　　ふくらまない花床
　　　　　　　（ヘビイチゴ）　　　（オヘビイチゴ）

アブラナ科

ナズナ、アブラナ、ダイコンなどのなかま。花弁は4個で十字形に並ぶ。果実は細長く、乾くとたてに2つに割れる角果となる。

ダイコン

タネツケバナ

タネツケバナの果実

キンポウゲ科

キツネノボタンやニリンソウなどのなかま。萼片、花弁、雄しべ、雌しべがそれぞれ離れてつき、不特定数の雄しべと雌しべがある原始的な科。トリカブトなどの猛毒の種もあり、注意が必要。

キツネノボタン

タデ科

スイバ、イタドリ、ソバ、アイなどのなかま。花は小さく、花弁がなくて萼片が花弁のように見える。雄しべ2～10個、雌しべは1個。托葉は鞘状になって、茎を包む（托葉鞘）。

雄しべは8個（ソバ）

雄しべは8個（イタドリ）

オオイヌタデ
托葉鞘

③ 単子葉植物類

葉は線形で葉脈が平行脈のことが多い。

ユリ科

チューリップ

ユリ、チューリップなどのなかま。同じような形の花被片（花弁と萼片）が6個放射状につく。内側の3個を内花被片、外側の3個を外花被片という。雄しべ6個、雌しべは1個。

アヤメ科

アヤメ、フリージア、ニワゼキショウなどのなかま。花被片6個が放射状につく。外花被片と内花被片が同形のもの、形がちがうものなどがある。細長い葉の表を内側にして2つ折りにした剣のような葉がある。

内花被片と外花被片が異形（アヤメ）　　内花被片と外花被片が同形（ニワゼキショウ）　　剣のような葉（ニワゼキショウ）

イネ科

イネやススキなどのなかま。地味で小さな花（小花）が咲く。小花はふつう雄しべ3個、雌しべ1個があって、花被片は退化して小さな鱗皮となる。小花は、元は葉であったボート形の護穎と内穎に包まれる。小花は小さな軸の両側に並び、いちばん下に第一苞穎と第二苞穎がついて、小穂というひとつの単位になる。小花はひとつのこともある。

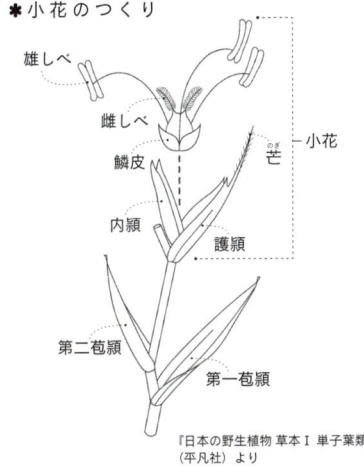

＊小花のつくり

『日本の野生植物 草本Ⅰ 単子葉類』（平凡社）より

🌼 オナモミのなかま

オオオナモミ：大巻耳
Xanthium occidentale

果実は先が曲がったとげが密生し、衣服や動物の毛などにつく。道ばた、畑、空き地などに生える。高さは0.5〜2m。花期は秋〜初冬。葉柄の付け根から出た花序の先に数個の雄の頭花がつき、軸の下部に数個の雌の頭花がつく。葉は掌状に5裂、あるいは7裂する。メキシコ原産といわれ、北海道〜九州に帰化。オナモミ属。

果実はひっつき虫とも呼ばれ、衣服などにくっつけて遊ぶ。

- 雄の頭花
- 雌の頭花

オナモミのなかまは、葉の付け根から出た花序に頭花がつく。

ポイント

果実は長さ2〜2.5cm。

表面に毛が少なく、とげがある。

ポイント 葉の縁にある鋸歯が深くて粗い。

キク科

イガオナモミ：毬巻耳
Xanthium italicum

草地や荒れ地などに生える。高さ0.5〜1.5m。花期は夏〜初冬。ヨーロッパ原産で世界の温帯に広く分布、北海道〜九州に帰化。オナモミ属。

ポイント

果実は長さ2〜3cm。

表面やとげに毛が多い。イガにイガが生える。

ポイント 葉の縁にある鋸歯は浅い。

オナモミ：巻耳
Xanthium strumarium

道ばた、畑などに生える。高さ0.2〜1m。花期は夏〜秋。古い時代に帰化したといわれるが、あまり見られなくなっている。地域によっては絶滅したともいわれている。オナモミ属。

ポイント

果実は長さ0.9〜1.8cm。表面に毛が多く、とげがある。

ブタクサのなかま

オオブタクサ：大豚草
Ambrosia trifida

荒れ地や河川敷などに生え、ときに大群落をつくる。茎は直立して枝分かれし、高さは3mをこえることも。夏〜秋、茎の先に雄花の頭花が穂のようになり、その下にある葉の付け根に雌花の頭花が数個つく。ブタクサのなかまの花粉は花粉症の原因のひとつ。別名クワモドキ。北アメリカ原産で帰化する。ブタクサ属。

水の吸い上げがよく、ちぎった葉はすぐにしおれる。

ポイント

葉は深く3〜5裂することが多いが、切れ込みのないこともある。

雄花の頭花は、皿状の総苞に包まれる。

雌花の頭花は、葉の付け根につく。

葉身は大きく、長さ20〜30cm。

キク科

ブタクサ:豚草
Ambrosia artemisiifolia

畑、道ばたなどに生える。高さは30〜120cm。花期は夏〜秋。葉は2〜3回細かく分裂する。北アメリカ原産。日本全土に帰化。ブタクサ属。

雄花

上部の茎

ヨモギ:蓬
Artemisia princeps

道ばたや山野にふつうに見られる。地下茎で広がり、高さは50〜100cmになる。秋、茎の先に地味な頭花をたくさんつける。別名モチグサで、春に若葉を草餅にする。また、葉の裏の綿毛を集めるとお灸のモグサになる。本州〜九州、朝鮮半島に分布し、沖縄で野生化している。ヨモギ属。

頭花は直径約1.5mm。

ポイント
葉の形は変異が多い。葉の裏は綿毛が密生して灰白色。

若葉

キク科

アメリカタカサブロウ
Eclipta alba ：亜米利加高三郎

日の当たる水田の畦、空き地などに群生する。高さは 10 〜 60 cm。夏〜秋、葉の付け根から柄を出して、白色の頭花をつける。高三郎の名前の由来は、はっきりしない。熱帯アメリカ原産で、本州中部〜四国に帰化している。よく似た在来のタカサブロウ（モトタカサブロウ）があるが、本種との見分けはむずかしい。タカサブロウは溝の縁や水田の日陰などに生える。タカサブロウ属。

ポイント
頭花は、白色の舌状花と白色の筒状花からなる。

葉は対生し、長さ 4 〜 15 cm、幅 0.5 〜 2.5 cm。

ポイント
葉に明らかな鋸歯がある。

花の後、果実は熟すと黒褐色になる。

ハキダメギク：掃溜菊

Galinsoga ciliata

畑、道ばた、空き地などに生える。茎は直立して枝分かれし、高さ15～60cmになる。夏～秋、上部の枝先に直径約5mmの小さな頭花をまばらにつける。頭花は数個の白色の舌状花と黄色の筒状花からなる。熱帯アメリカ原産で、昭和の初めに渡来して、日本全土に帰化。繁殖力が強く畑の強害草となっている。コゴメギク属。

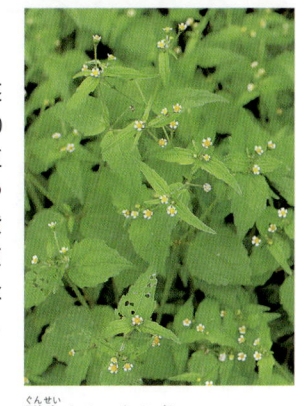

群生することが多い。

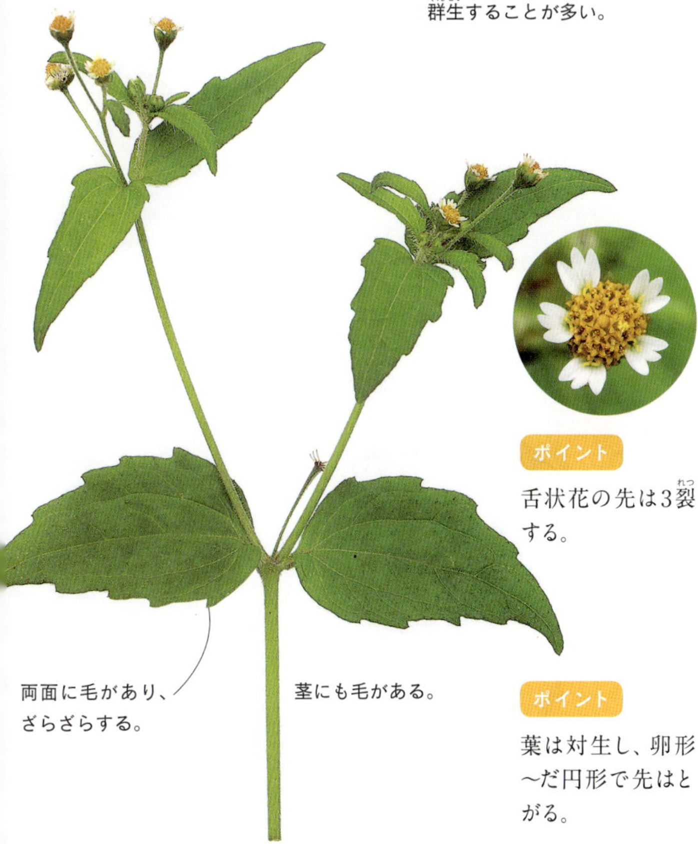
両面に毛があり、ざらざらする。
茎にも毛がある。

ポイント

舌状花の先は3裂する。

ポイント

葉は対生し、卵形～だ円形で先はとがる。

オオハンゴンソウのなかま

オオハンゴンソウ：大反魂草
Rudbeckia laciniata

河川敷、湿った草地などに群生する。茎は無毛かまばらに毛があり、直立して枝分かれし、高さ1〜3mになる。夏〜秋に、頭花を咲かせる。北アメリカ原産で明治の中頃に園芸種として渡来し、北海道〜九州に帰化。キオン属の別の在来植物にハンゴンソウがある。反魂とは、死者をよみがらせる薬効があるという意味。オオハンゴンソウ属。

キク科

舌状花は黄色で6〜10個、筒状花は黄緑色で多数。

ポイント
下部の茎の葉は柄があり、深く5〜7裂する。

ミツバオオハンゴンソウ：三葉大反魂草
Rudbeckia triloba

道ばたやのり面などに生える。茎や葉にまばらに毛があり、高さ50 cm〜1.5 mになる。花期は夏〜秋。北アメリカ原産で、日本全土に帰化。オオハンゴンソウ属。

下部の葉

ポイント
下部の葉は3裂する。上部の葉は裂けない。

アラゲハンゴンソウ：粗毛反魂草
Rudbeckia hirta var. pulcherrima

荒れ地や牧場などに生える。茎や葉に、かたい毛が密生し、高さ40 cm〜90 cm。花期は夏〜秋。北アメリカ原産で、北海道〜九州に帰化。オオハンゴンソウ属。

ポイント
葉は長だ円形。葉や茎にかたい毛があり、ざらざらする。

🌼 コセンダングサのなかま

コセンダングサ：小栴檀草
Bidens pilosa var.pilosa

道ばたや空き地、川原などに生える。茎には稜があり、直立して枝分かれし、高さは50〜120cmになる。秋、上部の枝先に黄色の頭花をつける。果実は先端にとげがあり、衣服や動物の毛について運ばれる。熱帯アメリカ原産で世界の暖帯〜熱帯に分布。本州〜沖縄に帰化している。センダングサ属。

頭花は黄色の筒状花だけ。

ポイント
果実は平たい線形で、先端に2〜4個のとげがある。

ポイント
葉は羽状に分裂し、先はとがる。

下部の葉

キク科

アメリカセンダングサ：亜米利加栴檀草
Bidens frondosa

湿った草地、川の土手、田のあぜなどに生える。茎は4稜あって、紫褐色を帯び、高さ100〜150cmになる。花期は秋。北アメリカ原産で、ほぼ日本全土に帰化。センダングサ属。

ポイント
頭花は黄色で、放射状に広がる葉状のものは総苞片。

ポイント
果実は平たくて幅広く、とげは2個。

小葉柄

ポイント
茎は紫褐色を帯び、小葉柄がある。

シロノセンダングサ：白の栴檀草
Bidens pilosa var. minor

花期は秋。コセンダングサの変種でよく似ているが、頭花に数枚の白い舌状花がある。舌状花の大きいオオバナセンダングサが四国〜沖縄に帰化。センダングサ属。

フキ：蕗
Petasites japonicus

野山の道ばたなどに生え、地下茎を伸ばして広がり群生する。春、葉が出る前に、花の茎を伸ばして頭花をつける。雄株と雌株があり、雄の頭花は薄い黄色で、雌の頭花は白色。葉は腎円形で長い柄がある。若い花茎とつぼみであるフキノトウは山菜として親しまれている。本州〜沖縄、朝鮮半島、中国に分布する。フキ属。

雌株。花は白い。フキノトウの成長したすがた。

フキノトウ

ポイント
葉は直径15〜30cmと大きく、つやはない。

北国の巨大植物
アキタブキは秋田県、岩手県、北海道、樺太にかけて分布するフキのなかま。葉は直径1.5m、葉柄の長さは2mにもなる。本州に生育するヤマブドウ、クマイチゴなどさまざまな植物が北の日本海に面した多雪地帯では巨大植物となる。短い夏の日照時間と関係するともいわれているが、本当のところはわかっていない。

ツワブキ : 石蕗
Farfugium japonicum

海岸の岩の上や崖などに生える。初冬～冬に花の茎を伸ばして高さ30～75cmになり、黄色の頭花をつける。地際(じぎわ)の葉は腎円形で、長い柄がある。葉柄(ようへい)はフキと同じように食用にする。花の少ない冬季に開花するので観賞用に栽培もされる。本州～沖縄、朝鮮半島南部、中国に分布。ツワブキ属。

日本庭園などによく植えられる。

頭花は直径4～6cm。

ポイント

葉は長さ4～15cm、幅6.5～29cmと大きく、つやがある。

ノボロギク：野襤褸菊
Senecio vulgaris

道ばた、畑、庭などに生える。茎は赤紫色を帯びることが多く、高さ30cmほどになる。春〜夏、枝の先に黄色の頭花を数個ずつ咲かせるが、暖地ではほぼ一年中開花。葉は不規則に切れ込み、葉身の基部は茎を抱く。ヨーロッパ原産で、明治初期に渡来し、ほぼ日本全土に帰化。キオン属［ノボロギク属］。

アスファルトの隙間から生えることもある。

ポイント
頭花の総苞の根元にある小さな苞の先が黒い。

高さ約30cm。

ポイント
葉は不規則に切れ込む。

ベニバナボロギク :紅花襤褸菊
Crassocephalum crepidioides

道ばたや造成地などに生える。高さは50〜70cm。花期は夏〜初秋。シュンギクのような香りがあり、熱帯地方では食用にする。沖縄では戦時中、救荒植物だった。熱帯アフリカ原産で、本州〜沖縄に帰化。ベニバナボロギク属。

ダンドボロギク :段戸襤褸菊
Erechtites hieracifolia

山地の伐採跡地や空き地などに生える。高さは100cmほど。花期は秋。北アメリカ原産で、名前は愛知県の段戸山で見いだされたことから。本州〜沖縄に帰化。タケダグサ属。

ポイント
頭花は白色で、下を向かない。

ポイント
頭花は紅赤色〜赤橙色で下を向く。

高さ約50〜70cm。

高さ約100cm。

ポイント
下部の葉は羽状に切れ込む。両面に伏した毛がある。

ポイント
葉は不ぞろいの鋸歯があり、葉身の基部は茎を抱く。

メナモミのなかま

メナモミ：豨薟
Siegesbeckia orientalis subsp. pubescens

山野の道ばたや荒れ地に生える。茎は直立し、高さは120cmになる。全体に毛が多く、とくに茎の上部は密。葉は細長いスペード形で対生する。秋に枝分かれした茎の先に黄色い小さな頭花がたくさんつく。花の下側に粘液を出す毛が生えた細長い葉のようなものが5本あって動物の体につく。北海道〜九州、朝鮮半島、中国に分布。メナモミ属。

コメナモミとよく似ているが全体的に大きい。

花の下部の5本の葉のようなもの（総苞片）が目立つ。

ポイント

花柄、上部の茎に長い毛がある。

コメナモミ：小豨薟
Siegesbeckia orientalis subsp. glabrescens

メナモミに近縁で、両者は広く熱帯に分布するツクシメナモミという種が東アジアで分化した亜種とされる。日本全土、朝鮮半島、中国に分布。メナモミ属。

ポイント

花柄、茎には長い毛はない。

🌸 ホウキギクのなかま

ヒロハホウキギク :広葉箒菊
Aster subulatus var. ligulatus

道ばた、空き地、湿地などに生える。高さ50〜120 cm。茎の上部で花の枝は細かく枝分かれし、大きな角度で広がる。夏〜秋、淡紅色の頭花をまばらにつける。花の枝のようすをほうきに見立てた名前。北アメリカ原産で、関東地方以西に帰化。東北の一部にも記録がある。シオン属。

ポイント
咲いた後、舌状花の花弁が外側に巻く。

ポイント
花の枝の角度は、60〜90度（ホウキギクは30〜60度）

ホウキギク :箒菊
Aster subulatus var. sandwicensis

道ばたや空き地などに生える。ヒロハホウキギクより花の枝が広がる角度がせまい。北アメリカ原産で、本州〜沖縄、小笠原に帰化。シオン属。

ポイント
花は白色、ときに淡紫色。筒状花が冠毛に埋もれて目立たない。

🌼 ヨメナのなかま

キク科

ヨメナ：嫁菜
Aster yomena

山野の湿った道ばたや草地に生える。高さ50〜120cm。花期は夏〜秋。頭花は直径約3cm。果実は平べったく長卵形、表面に剛毛が多い。香りがよい若葉は食用になる。別名カンサイヨメナ。中部地方以西に分布する。シオン属。

舌状花は淡青紫色、ときに白色。

カントウヨメナ：関東嫁菜
Aster yomena var. dentatus

高さ50〜100cm。花期は夏〜秋。頭花は直径約2.5cm。ヨメナとユウガギクの中間的な特徴を持つ。関東地方に分布。シオン属。

ポイント
冠毛は長さ約0.25mmで、目では確認しづらい。

舌状花は淡青紫色、白色っぽいのもある。

ポイント
冠毛は長さ約0.5mmで、目で確認できる。

ポイント
葉はつやがあり、中〜下部の葉は粗い鋸歯がある。

ポイント
葉はざらつかない。中〜下部の葉は細長く、粗い鋸歯がある。

ユウガギク：柚香菊
Aster iinumae

高さ40〜150cm。花期は夏〜秋。やや長い花茎に直径約2.5cmの頭花が1個ずつつき、ユズの香りがする。茎の中部の葉は細長く粗い鋸歯があり、下部の葉は羽状に切れ込む。近畿地方以北の本州に分布。シオン属。

ノコンギク：野紺菊
Aster ovatus var. ovatus

日本のノギクの代表。高さ50〜100cm。花期は夏〜秋。頭花は直径1.7〜2.5cmで、枝先にたくさんつく。本州〜九州に分布。シオン属。

ポイント

冠毛は4〜6mm。

ポイント

冠毛は約0.25mmで、目では確認しづらい。

舌状花は淡青紫色、白色っぽいものもある。

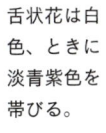

舌状花は白色、ときに淡青紫色を帯びる。

ポイント

葉はうすく、中〜下部の葉は不規則に切れ込む。

ポイント

葉は表面に短毛がありざらつく。基部はやや翼がある。

ヒメジョオンのなかま

ヒメジョオン：姫女苑
Erigeron annuus

道ばた、空き地、荒れ地などに生える。茎は直立して、高さ30〜150cmになる。花期は夏〜秋で、ハルジオンより遅く、頭花の舌状花は白色〜淡紫色、筒状花は黄色。花時に地際の葉は枯れる。北アメリカ原産で、江戸時代末に観賞用として入れられたものが、日本全土に帰化。葉がへら状のヘラバヒメジョオンとの雑種があるようだ。ムカシヨモギ属。

キク科

舌状花は約100個。

ポイント

葉は長だ円形〜幅広い線形で先はとがり、基部は茎を抱かない。

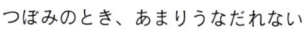

つぼみのとき、あまりうなだれない。

ポイント

茎は中身が詰まっている。

ハルジオン :春紫苑
Erigeron philadelphicus

道ばた、空き地、荒れ地などに生える。花期は春〜夏で、頭花の舌状花は淡紅色〜白色、筒状花は黄色。花時に地際の葉が残る。ハルジョオンともいう。北アメリカ原産で、園芸植物として入れられたものが、大正時代に東京の小石川植物園より逃げ出して、北海道〜九州に帰化した。ムカシヨモギ属。

舌状花は150〜400個でヒメジョオンより多く、花弁は糸状。

ポイント

葉は長だ円形〜へら形で、葉身の基部が張り出して茎を抱く。

つぼみのときは下を向く。花時に地際の葉は残る。

ポイント

茎は中空。

ヒメムカシヨモギのなかま

ヒメムカシヨモギ：姫昔蓬
Erigeron canadensis

道ばたや空き地などに生える。茎は直立して、高さ80〜180 cm。花期は夏〜秋。別名テツドウグサ（鉄道草）など。鉄道の線路に沿って広がったことによる。北アメリカ原産で、明治初期に渡来し、日本全土に帰化した。ムカシヨモギ属。

ポイント

頭花の総苞は長さ約3mmで白い舌状花が見える。

茎や葉に毛が多く生える。

花の後、白色の長い冠毛をつけた種子で増える。

オオアレチノギク：大荒れ地野菊
Erigeron sumatrensis

道ばたや荒れ地などに生える。茎は直立して、高さ100〜180cm。花期は夏〜秋。茎の先に円錐状の花序をつける。南アメリカ原産で、学名は大航海時代にスマトラに帰化した標本で命名された。本州〜沖縄、小笠原に帰化。ムカシヨモギ属。

ポイント
頭花の総苞は長さ約5mmで舌状花は見えない。

茎には毛が密生する。葉身の基部の葉脈上に多少毛が生える。

アレチノギク：荒れ地野菊
Erigeron bonariensis

道ばたなどに生える。茎は主軸が30〜50cmで伸びが止まり、分かれた枝がずっと高くなる。花期は夏〜秋。最近はあまり見られなくなっている。南アメリカ原産で、世界の熱帯〜暖帯に帰化。ムカシヨモギ属。

ポイント
頭花の総苞は長さ約6mmで舌状花はほとんど目立たない。

キクイモ：菊芋
Helianthus tuberosus

空き地や土手、畑のわきなどに生える。高さは1～3mになる。夏～秋、上部の枝の先に直径5～10cmの黄色の頭花をつける。晩秋に地下にできる塊茎（イモ）を味噌漬けにする。塊茎ができないというイヌキクイモとの判別はむずかしい。北アメリカ原産で、イモをとるために栽培もされるが、野生化して北海道～沖縄に帰化している。ヒマワリ属。

翼

ポイント
葉は卵形～卵状だ円形で、葉柄に翼がある。

茎に剛毛があってざらつく。

ポイント
地下に塊茎ができる。

セイタカアワダチソウ：背高泡立草
Solidago altissima

空き地や河川敷などで、地下茎を伸ばして大群落をつくる。茎は直立して、高さ2.5mにもなる。秋に大きな円錐状の花序をつける。頭花は黄色で花序の枝の上面に密生。風媒花で花粉症を引き起こすといわれたが、実際は虫媒花で花粉は少ない。北アメリカ原産。明治時代に観賞用として輸入され、ほぼ日本全土に帰化。アキノキリンソウ属。

頭花は直径3〜4mm。舌状花の花弁は細い。

ポイント
頭花がびっしりとつく。茎は短毛が密生し、葉は長だ円形で先はとがる。

まわりの植物の生長を抑える成分を持ち、大群落になる。

ハハコグサやチチコグサなど

キク科

ハハコグサ：母子草
Pseudognaphalium affine

道ばたや畑などに生える。高さ15〜40cm。全体に綿毛が多く、白っぽく見える。春、茎の先が分かれ、黄色の頭花（とうか）をつける。日本全土、中国などに分布。ハハコグサ属。

ポイント
頭花は黄色。

チチコグサ：父子草
Euchiton japonicum

野原の道ばたや人家のそばに生える。高さ8〜25cm。地際（じぎわ）の葉は花時にも残る。春〜秋、枝の先端に頭花をつける。日本全土、中国などに分布。チチコグサ属。

ポイント
茎の先端に茶褐色の頭花をつける。

ポイント
葉は線状。

チチコグサモドキ：父子草抵梧
Gamochaeta pensylvanicum

高さ10〜30cm。全体に綿毛が多く、灰白色。春、上部の葉の付け根から枝を出して、茶褐色の頭花をつける。地際の葉は花時に枯れる。熱帯アメリカ原産。チチコグサモドキ属。

ウラジロチチコグサ：裏白父子草
Gamochaeta spicatum

乾燥した道ばた、空き地などに生える。高さ20〜70cm。全体に綿毛が多く、灰白色。春〜夏、花序は茎の先に長い穂となる。南アメリカ原産で、関東地方以西〜九州に分布。チチコグサモドキ属。

ポイント
頭花の集まりは茎にそっていくつも並ぶ。

ポイント
上部の葉の表面は無毛で、つやのある濃い緑色。縁が波打つ。

葉の裏は白い。

ノアザミのなかま

ノアザミ：野薊
Cirsium japonicum

山野の草地など、日当たりのよいところに生える。高さは50〜100cm。初夏〜夏、紅紫色の頭花を咲かせる。初夏から花を咲かせるアザミのなかまは本種だけ。頭花は筒状花だけからなり、昆虫が触れるなど刺激を受けると花粉がわき出す。葉は羽状に切れ込み縁に鋭いとげがある。地際の葉は花期まで残る。本州〜九州に分布。アザミ属。

総苞片

ポイント
総苞片は粘液を出し、さわると粘る。

ポイント
花期は
初夏〜夏。

頭花は4〜5cm。

ノハラアザミ：野原薊
Cirsium oligophyllum

山野の草地など、日当たりのよいところに生える。夏〜秋、ノアザミに似た頭花(とうか)をつける。地際(じぎわ)の葉は、花期にも残る。北海道、本州、九州に分布。アザミ属。

ポイント
総苞片にさわっても粘らない。

総苞片(そうほうへん)

ポイント
花期は夏〜秋。

総苞片が反り返ることもある。

頭花は3〜4cm。

アザミ属は聖なる植物

アザミ属は北半球に約250種知られる。葉にとげがあり、ヨーロッパでは聖母マリアが十字架から引き抜いた釘を埋めた土から生えた聖なる植物といわれる。また、とげが魔女を追い払うまじないになるという。日本では薊(あざみ)は俳句の季語で、とげを強調して鬼薊(おにあざみ)（実際にはない種）と表現し、美しい花だがうっかりさわると痛い目にあうと暗に女性を示唆する。このようにアザミ類は人々に親しまれてきた。

アメリカオニアザミ：亜米利加鬼薊
Cirsium vulgare

日当たりのよい道ばた、河川敷などに生える。茎は直立して上部で枝分かれし、高さ50〜150cmになる。夏〜初秋、枝の先に紅紫色の頭花をつける。茎にあるヒレがよく目立つ。ヒレや葉の縁に鋭く長いとげがある。ヨーロッパ原産の帰化植物で、1960年代に北海道で見いだされた。北海道〜四国に分布。アザミ属。

キク科

花が大きく、とげが鋭い。

頭花は3〜4cm。

総苞は球形で大きい。総苞片は粘らない。

冠毛

ポイント
冠毛の1本ずつが羽状に枝分かれする。

茎にヒレがある。

ポイント
茎に綿毛が多い。

ヒレアザミ :鰭薊
Carduus crispus

道ばた、草地、土手などに生え、春〜初夏、直立した茎の先に、アザミのなかまに似た紅紫色の花を咲かせる。茎にヒレがあるのでヒレアザミという。ヒレや葉の縁(ふち)のとげは短い。ユーラシア大陸の温帯地域に広く分布。古くに渡来した帰化植物で、本州〜九州にある。ヒレアザミ属。

頭花は3cm。花が白いものはシロバナヒレアザミという。

ポイント
冠毛が枝分かれしない。

茎にヒレがある。

若い葉には綿毛があるが、老成すると少なくなる。

キツネアザミ：狐薊
Hemistepta lyrata

道ばた、空き地、土手、畑などに生育し、ときに群生する。ひょろりと茎が直立し枝分かれして、高さ60〜80cmになる。初夏、茎の先に紅紫色の花を咲かせる。アザミのなかまではないのにアザミに似ていて、人をだますとたとえたことからキツネとついた。古い時代に農耕にともなって渡来した。本州〜沖縄、朝鮮半島、中国、インド、オーストラリアなどに分布する。キツネアザミ属。

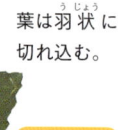

キク科

葉は羽状に切れ込む。

ポイント

葉の裏に毛があって白っぽい。アザミのなかまのような葉のとげはない。

頭花は直径約2.5cmで筒状花からなる。

アキノノゲシ：秋の野芥子
Lactuca indica

空き地や土手などの日当たりのよいところに生育し、高さ60cm～200cmになる。夏～秋に花を咲かせる。頭花は主に淡黄色だが、白や淡紫色もある。花は一日花で、昼間開いて夕方にしぼむ。レタスと同じなかまに属し、茎を切ると乳液を出す。葉の幅がせまくて全縁のものを、ホソバアキノノゲシという。北海道～沖縄、アジア東部～東南部に分布する。アキノノゲシ属。

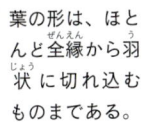

葉の形は、ほとんど全縁から羽状に切れ込むものまである。

ポイント

頭花は直径約2cmで舌状花からなる。
総苞片の縁は赤褐色。

ノゲシのなかま

ノゲシ：野芥子
Sonchus oleraceus

道ばたや空き地などに生える。高さは50〜100cm。春〜夏、茎の先に黄色の頭花をつける。葉は羽状に切れ込み、葉の基部はとがって茎を抱く。別名ハルノノゲシ。全体に白い粉を帯び、茎などを切ると白い乳液が出る点がケシに似る。日本に古くから帰化している。葉は食用になる。ヨーロッパ原産で世界中に帰化する。ノゲシ属。

キク科

頭花はすべて舌状花。

上部の茎

ポイント
葉の縁はとげ状になるが、さわっても痛くない。

ノゲシもオニノゲシも、茎を切ると白い液が出る。

オニノゲシ :鬼野芥子
Sonchus asper

道ばたや荒地に生え、花期は主に春〜秋だが、年中開花する。頭花をつける。葉の基部（きぶ）は張り出して、下に向かって丸まり、茎を抱く。高さは50〜100cm。ヨーロッパ原産で、明治時代に渡来が記録された帰化植物。世界中に分布する。ノゲシ属。

舌状花が細い。

若いオニノゲシの上部の茎。

ポイント

葉の縁のとげは鋭く、さわると痛い。

油断できないノゲシとオニノゲシ

この2種はヨーロッパ原産の帰化植物で、英語では「種まき薊（あざみ）」という。帰化植物の特性のひとつは、原産地を離れて新しい土地で大量の種子をまき、短期間に個体を急増させること。さらに気温が高ければいつでも花を咲かせ、実をつける。畑の作物の肥料を奪い、我々に損害をあたえることもある帰化植物は、油断できない存在である。

ヤブタビラコのなかま

ヤブタビラコ：藪田平子
Lapsana humilis

田のへりや草やぶのやや湿ったところに生えるやわらかい草で、軟毛がある。茎はななめに立って、高さ9〜50cm。葉は羽状に切れ込んでいて、地際に集まることはない。花期は初夏〜夏。オニタビラコとすがたが似ているが、果実に冠毛がなく、別種である。北海道〜九州、朝鮮半島、中国に分布する。ヤブタビラコ属。

ポイント
頭花は直径約8mm。

ポイント
茎はななめに立ったり、横に倒れる。

葉の縁はとがった感じはない。

根元の葉

タビラコ：田平子
Lapsana apogonoides

田に多い小さい草で、別名コオニタビラコ。花期は早春〜春。葉も花の茎も、地際から放射状に出る。春の七草のホトケノザは本種。本州〜九州に分布する。ヤブタビラコ属。

ポイント
頭花は直径約8mm。舌状花は6〜9個と少ない。

ポイント
茎は横に倒れ、長さ4〜20cm。

キク科

オニタビラコ：鬼田平子
Youngia japonica

日当たりのよい空き地や道ばたに生える。地際（じぎわ）で広がった葉の中心から茎をのばし、高さ20〜100cmになる。全体に毛が多い。果実には冠毛（かんもう）がある。茎の先は枝分かれし、黄色の小さな花が咲く。全国に分布し、北の地方では夏を中心に、南では年中開花する。タビラコに似ていて、大きいことから名前がついた。オニタビラコ属。

ポイント

茎はまっすぐ立ち上がる。

葉はやわらかいが、羽状（うじょう）に切れた裂片（れっぺん）はとがった感じ。

地際（じぎわ）の葉

ポイント

頭花は直径7〜8mm。

🌼 ニガナやジシバリなど

ニガナ：苦菜
Ixeridium dentatum

全国の道ばたや、低山の日の当たる草地に群生する。細い茎が直立して高さ20〜30cmになる。初夏〜夏、タンポポの花を小さくしたような直径約1.5cmの黄色の花が咲く。変化に富んでいて、白花のシロバナニガナ、舌状花が8〜11個のハナニガナなどがある。茎や葉を切ると白い汁が出て、苦い味なのでこの名前がついた。ニガナ属。

ポイント
茎は直立する。

上部の葉は基部が茎を抱く。

根元の葉は長い柄がある。

ポイント
舌状花は5〜7個と少ない。

キク科

ジシバリ :地縛り
Ixeris stolonifera

日当たりのよい裸地に群生。茎がはって、地面をしばっているようなのでこの名がついた。春〜夏に、直径2.0〜2.5cmの頭花が咲く。日本全土、朝鮮半島、中国に分布する。ノニガナ属。

ニガナより大ぶりの花が咲く。

ポイント

葉身は卵形で、スプーンのような形の葉。

舌状花は20個ほど。

オオジシバリ :大地縛り
Ixeris japonica

日当たりがよく、やや湿ったところに群生し、茎は地面をはう。花はジシバリに似るが直径2.5〜3cmと大きい。北海道の中部以北をのぞく日本全土に分布する。ノニガナ属。

花は大きい。

ポイント

葉身は長く、へらのような形の葉。葉身の基部が切れ込むこともある。

コウゾリナ：髪剃菜
Picris hieracioides subsp. japonica

道ばた、空き地などの日当たりのよいところに生える。茎は直立して上部で枝分かれし、高さは25〜90cmになる。春〜初秋に頭花をつける。茎に生える鋭い剛毛の感触をカミソリに見立てて、漢字で髪剃菜と書く。コウゾリナは、カオゾリナ（顔剃り菜）から転じたとされることもある。北海道〜九州、樺太などに分布する。コウゾリナ属。

頭花は直径約2.5cmで舌状花からなる。

上部の葉

下部の葉

ポイント
茎や葉に、先が2つに分かれた赤褐色の剛毛がある。

ブタナ：豚菜
Hypochaeris radicata

畑、空き地、土手などの日当たりのよいところに生育する。地際で葉を放射状に広げ、真ん中から花の茎を伸ばし、高さ25〜80cmになる。夏〜秋、まばらに分かれた花の茎の先に頭花をつける。ヨーロッパ原産の帰化植物。フランス名の「ブタのサラダ」から、この名がついた。日本全土に分布。ブタナ属。

直径3〜4cmで舌状花はコウゾリナより細かく多い。

ポイント

葉に毛が多く、切れ込まないものから羽状に切れ込むものまである。

タンポポのなかま

キク科

セイヨウタンポポ：西洋蒲公英
Taraxacum officinale

都市部の道ばたなどに生える。葉は地際から生え、春〜秋、真ん中から茎を伸ばして3.5〜5cmの黄色の頭花を1個だけつける。すべて舌状花からなる。種子をつくって繁殖する。ヨーロッパ原産。明治時代、札幌農学校の教師がアメリカからサラダ用に持ち込んだといわれている。日本全土に帰化する。タンポポ属。

ポイント
総苞片が反り返る。

カントウタンポポ：関東蒲公英
Taraxacum platycarpum

花期は早春〜初夏。関東、中部地方東部に分布。タンポポ属。

突起

ポイント
総苞外片は短く、小さな突起がある。

トウカイタンポポ：東海蒲公英
Taraxacum longeappendiculatum

花期は早春〜初夏。別名ヒロハタンポポ。千葉〜和歌山県潮岬に分布。タンポポ属。

ポイント
総苞外片が長く、大きい突起がある。

シナノタンポポ：信濃蒲公英
Taraxacum hondoense

花期は春〜秋。東北〜中部地方に分布。最近独立した種と分かってきた。タンポポ属。

ポイント
総苞外片は短く、先に突起がない。

カンサイタンポポ：関西蒲公英
Taraxacum japonicum

花期は春〜初夏。頭花(とうか)は直径2〜3cmと小さい。中部地方以西に分布。タンポポ属。

ポイント
総苞外片は短く、先に突起がないか、小さい。

シロバナタンポポ：白花蒲公英
Taraxacum albidum

花期は春〜秋。頭花は白い。関東地方以西〜九州に分布。タンポポ属。

ポイント
花弁(かべん)が白く、総苞外片の先に大きな突起がある。

ハルシャギクのなかま

ハルシャギク：波斯菊
Coreopsis tinctoria

河川敷、空き地、道ばたなどに生え、ときに大群落となる。高さ50〜120cm。初夏〜夏、茎の先に直径3〜5cmの頭花(とうか)をつける。別名ジャノメギクで、花のもようが蛇の目傘のように見えることから。花のもようは変異に富み、さまざまな園芸品種がある。北アメリカ原産。本州〜沖縄に帰化。ハルシャギク属。

キク科

ポイント

基本は中心部が紫褐色でまわりが黄色。全て紫褐色のものもある。

ポイント

葉は2回羽状複葉(うじょうふくよう)で、裂片(れっぺん)は細長い線状。

オオキンケイギク：大金雞菊
Coreopsis lanceolata

河川敷や道沿いに生える。高さ30〜70cm。初夏〜夏、直径5〜7cmの頭花(とうか)をつける。北アメリカ原産で、観賞用のものが、本州〜沖縄に帰化。ハルシャギク属。

地際の葉

筒状花(とうじょうか)、舌状花(ぜつじょうか)ともあざやかな黄色。

茎の葉は長だ円形〜線針形。高速道路沿いに増えてきた。

ポイント
地際(じぎわ)の葉は長い柄があり、3〜5小葉(しょうよう)。

キバナコスモス：黄花秋桜
Cosmos sulphureus

河川敷、道ばたなどの乾いたところに生える。高さ60〜200cm。花期は夏〜秋。頭花は直径4〜7cmで橙色や黄色。メキシコ原産で、観賞用に輸入され、関東〜九州に帰化。コスモス属。

ポイント
葉は2〜3回羽状複葉。

★ キキョウソウのなかま

キキョウソウ：桔梗草
Triodanis perfoliata

日当たりのよい空き地に群生。茎は直立し、高さ約1mになり、多くの葉をつける。初夏〜夏、茎の上部の葉の付け根にキキョウに似た花を咲かせる。段々に咲くので、別名はダンダンキキョウ。北アメリカ原産で、明治の中頃に東京近辺で栽培され、戦後本州〜九州に広がった。翌年は同じ所に生えないという。キキョウソウ属。

花は直径約1.5cm。

ポイント
葉は円形で先はとがらない。

種子が熟すと、子房の側面が一部反り返って開き、種子がこぼれる。

ヒナキキョウソウ:雛桔梗草
Triodanis biflora

キキョウソウと同じような場所に生える。花期は初夏～夏。別名ヒメダンダンキキョウ。北アメリカ原産の帰化植物。戦前に横浜市で見いだされ、本州～九州に分布する。キキョウソウ属。

ポイント
葉は卵形で先がとがる。

花は直径約1.5cm。

ヒナキキョウソウ　　ヒナギキョウ

ヒナギキョウ:雛桔梗
Wahlenbergia marginata

日の当たる乾いた草地に生える可憐な植物。高さ20～40cmで細い枝を出し、初夏～夏、枝先に小さな花を1個つける。本州～沖縄、朝鮮半島、中国、東南アジア、オーストラリアに分布。中国では根を子どもの癇(かん)の薬や高血圧の薬に用いる。ヒナギキョウ属。

花は直径約5～8mmで、枝の先につく。

ポイント
葉は茎の下部につく。

オミナエシのなかま

スイカズラ科

オミナエシ：女郎花
Patrinia scabiosaefolia

野山の日当たりのよい草地などに生える。茎は直立して上部で枝分かれし、高さ60〜150 cmになる。夏〜秋、茎の先に黄色の花をたくさんつける。秋の七草のひとつ。乾くと悪臭がある。根は炎症などの漢方薬にされる。女郎花の語源ははっきりしない。北海道〜九州、朝鮮半島、中国、シベリア東部に分布。オミナエシ属。

ポイント
葉は羽状に深く切れ込む。裂片はオトコエシより幅がせまくて鋭い感じ。

ポイント
花冠は黄色で5裂する。

オトコエシ：男郎花
Patrinia villosa

野山の日当たりのよいところに生える。高さ60～100 cm。花期は夏～秋。
男郎花(おとこえし)は、女郎花に対してつけられた。オミナエシと同様、根は漢方薬に利用される。日本全土、朝鮮半島、中国などに分布する。オミナエシ属。

ポイント
花冠(かかん)は白色で5裂する。

ポイント
葉は羽状に切れ込むか、長だ円形。

きれいな花に悪臭

オミナエシは秋の七草のひとつで人気がある。しかし、中国では敗醬という名前で、花は腐った醬油の匂いがする。実際、生け花にすると花瓶の水が臭くなる。また、草を乾燥させてもひどい悪臭を放つ。それでも茹でて水洗いし、食用にする。一度試してみてはいかがでしょう。臭いニワトコの若葉がおいしい山菜になる例もある。

ムラサキサギゴケのなかま

サギゴケ科

ムラサキサギゴケ：紫鷺苔
Mazus miquelii

田や池などの湿ったところに群生する。高さは10〜15cm。地面をはう枝を出して、新しい苗をつくって広がる。春に根際の葉の間から花茎を伸ばして花をつける。本州〜九州、中国、台湾に分布。サギゴケ属。

トキワハゼ：常盤黄櫨
Mazus pumilus

道ばたや畑などに生える。地際の葉の間から茎を伸ばして、高さ5〜25cmになる。花期は春〜秋。花は長さ約1cm。日本全土、朝鮮半島、中国、東南アジアなどに分布。サギゴケ属。

ポイント
花は紅紫色で、長さ1.5〜2cm。

ポイント
花は淡紅紫色で、長さ約1cm。

ポイント
ほふく枝を出さない。

花を白鷺、株を苔に見立てた。

ポイント
地面をはう枝を四方に広げる。

ウリクサのなかま

ウリクサ：瓜草
Torenia crustacea

畑や庭などに生える。茎は地をはうように広がる。上部の葉の付け根に淡紫色で長さ約7mmの小さな花をつける。日本全土、朝鮮半島、中国、東南アジアなどに分布。ハナウリクサ属。

アゼナ：畔菜
Lindernia procumbens

田のあぜや畑の湿ったところに生える。茎は直立して、高さ5〜20cm。花は淡紅紫色で長さ約5mm。北半球の熱帯〜温帯に広く分布。アゼナ属。

アゼナ科

稜

ポイント
萼は浅く5裂し、稜がある。下唇に濃い赤紫〜青紫色のもようがある。

萼裂片

ポイント
葉に鋸歯があり、葉脈や縁が赤紫色。

ポイント
葉は全縁で鋸歯がない。

ポイント
萼は深く5裂し、裂片は線針形。

キツネノマゴ：狐の孫
Justicia procumbens

道ばたや林縁などに生える。茎はななめに立ち上がり、枝分かれして高さ10～40cmになる。夏～秋、枝先に長さ約7mmの淡紅紫色の花を穂状につける。本州～九州、朝鮮半島、中国、インドシナ、マレーシア、インドなどに分布。沖縄や台湾には、葉が厚く、小さくて卵形のキツネノヒマゴがある。キツネノマゴ属。

キツネノマゴ科

ポイント

下の花弁の基部近くに白いもようがある。萼や苞に毛が密生する。

ポイント

葉は対生し、葉身は卵形～長だ円形。

ヤセウツボ：痩靫
Orobanche minor

土手や草地、公園の芝生などに生える。高さは15〜50cmになり、茎は褐色で腺毛が密生する。花期は春。花は褐色で茎の上部につく。葉緑素がなく、マメ科、キク科、ナス科、セリ科、フウロソウ科などのほかの植物に寄生して養分を横取りする。ヨーロッパ原産で、東北〜島根、香川県に点々と帰化する。ハマウツボ属。

ハマウツボ科

ポイント
地際から茎を数本出す。

ポイント
花冠は筒状で先が上下2つに分かれ、紫色のすじや斑点がある。

寄生植物には2つのタイプがある

植物が植物に寄生する場合、寄生者が根を宿主の根や幹に侵入させ栄養を奪うが、自らも葉緑素を持ち光合成をするものと、栄養のすべてを宿主に依存して葉緑素を失ったものがある。ヤセウツボは後者で葉緑素がない。地下で宿主の根に寄生し、地上へは褐色の鱗状に退化した葉をつけた茎を伸ばし、その先に花をつける。

オオバコのなかま

オオバコ：大葉子
Plantago asiatica

地際から葉を放射状に出し、真ん中から長い棒のような花茎を立てる。花茎には下から咲き出す小さな花が集まって穂となる。花期は春〜夏。大きな葉が目立つので大葉子という。葉は漢方薬として慢性気管支炎や高血圧症に使われる。若葉は茹でて水にさらすと食用になる。種子は利尿効果があり、眼病に効く。オオバコ属。

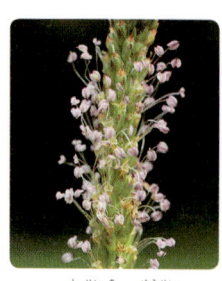

花には雌性期と雄性期があり、下部から咲き上がる。写真は雄性期の花。

ポイント
葉は卵形〜広卵形で毛がほとんどない。

人の往来を知らせる植物
オオバコを中国では車前草と書く。車や人が通る場所に生えるからで、葉柄が強く、芽が土の中にあるなど踏みつけに耐えられる。種子は湿気にふれると粘りが出て、人の足について広がる。他の植物が入れない環境でも生きられるので、この草が生えているとそこが人の歩いた跡であることが多い。

ヘラオオバコ：箆大葉子
Plantago lanceolata

葉がへら形なので名前がついた。花は春～夏。高さは70cmにもなる。ヨーロッパ原産の帰化植物で、世界中に広く分布。オオバコ属。

ポイント
葉はへら形で細長く、長い毛がある。

ポイント
花序（かじょ）は短い。

ツボミオオバコ：蕾大葉子
Plantago virginica

花冠（かかん）の根元が筒状で、裂片が完全には開かず、つぼみのようなので名前がついた。花期は初夏。北アメリカ原産の帰化植物。本州～九州に分布。オオバコ属。

裂片（れっぺん）

ポイント
葉はだ円形で両面に毛が多く、さわるとふわふわする。

イヌノフグリのなかま

オオイヌノフグリ：大犬の陰嚢
Veronica persica

道ばた、空き地、畑などの日当たりのよいところに生える。茎は枝分かれして、横に広がる。早春～夏、上部の葉の付け根から花柄を出して、瑠璃色の可憐な花をつける。英語名にキャッツアイ（猫の瞳）などがある。ヨーロッパ原産。明治時代に渡来し、日本全土に帰化。クワガタソウ属。

イヌノフグリとは犬の陰嚢という意味で、果実の形からつけられた。ハート形で雌しべが残り、中に8～15個の種子がある。

ポイント
花は瑠璃色で直径7～10mm。

果実の枝は、葉より長い。

イヌノフグリ：犬の陰嚢
Veronica didyma var. lilacina

畑や道ばたなどに生える。花期は早春～春。花は淡紅白色で直径3～4mm。在来種だが、平地ではあまり見られなくなっている。クワガタソウ属。

タチイヌノフグリ：立犬の陰嚢
Veronica arvensis

道ばたによく生える。茎は直立して、高さ10〜40cm。花期は春。ヨーロッパ原産で、日本全土に帰化。クワガタソウ属。

ポイント

花は青色で、直径2mm。オオイヌノフグリよりずっと小さい。

ポイント

茎は立ち、上部の葉の付け根にほとんど花柄(かへい)のない花をつける。

フラサバソウ
Veronica hederaefolia

畑や道ばたに生える。茎は横に広がり、長さ5〜20cm。花期は春。ヨーロッパ原産で、北海道〜九州に帰化。クワガタソウ属。

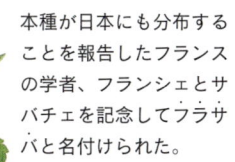

本種が日本にも分布することを報告したフランスの学者、フランシェとサバチェを記念してフラサバと名付けられた。

ポイント

花は淡紅紫色で青紫色のすじが目立つ。直径3〜4mm。

オオバコ科

カワヂシャ：川萵苣
Veronica undulata

川原や水路などに生える。茎は直立して枝分かれし、高さ10〜50cmになる。初夏〜夏、長い枝の先に、オオイヌノフグリに似た花をつける。川に生え、若葉をチシャ（レタス）のように食用にしたことから名前がついた。本州〜沖縄、中国、東南アジア、インドに分布。クワガタソウ属。

花は直径3〜4mm。白色〜淡紅紫色で色の濃いすじがある。

ポイント

葉は対生し、明らかな鋸歯がある。

帰化種のオオカワヂシャと似ているが、オオカワヂシャは葉に鋸歯がほとんどないので見分けられる。

ツタバウンラン：蔦葉海蘭
Cymbalaria muralis

人家の周辺の道ばたや空き地などに生える。地面をはって広がり、初夏〜秋、枝先の葉の付け根に唇形の花をつける。下唇の基部は距となる。ヨーロッパ原産で、北海道〜九州に帰化。ツタバウンラン属。

オオバコ科

ポイント
下唇に黄色の斑紋がある。

ポイント
葉は円形で掌状に浅く切れ込む。

マツバウンラン：松葉海蘭
Nuttallanthus canadensis

道ばたや荒れ地に生える。茎は細く、高さ30〜60cmになる。春〜初夏、茎の先に紫色の唇形の花を穂状につける。葉は下部では輪生状につき、上部では互生する。北アメリカ原産で、関東地方以西に帰化。ウンラン属。

ポイント
下唇の基部は白い。

ポイント
葉は線形。

ビロードモウズイカ：天鵞絨毛蕊花
Verbascum thapsus

道ばたや荒れ地に生える。高さは1〜2mにもなる。全草が灰白色の毛で被われるのでビロードとついた。地際の葉はロゼット状で10〜30cm。上にいくほど小さくなる。毛蕊花は雄しべ（雄蕊）の花糸に白色の長毛があるため。夏、茎の先に黄色の花をつける。ヨーロッパ原産。明治時代に観賞用として渡来し、日本全土に帰化する。モウズイカ属。

若い葉。もこもこした手ざわり。

大きな株になる。花は直径1.5〜2cmで、5裂する。

ゴマノハグサ科

ヒヨドリジョウゴ :鵯上戸
Solanum lyratum

野山の道のわきなどに生える。全体に毛が多く、茎はつる性。葉柄でほかの物にからみつく。夏〜初秋、葉に対生するか、茎の途中から花の枝を出して、白色の花を数個つける。果実は球形で赤く熟す。果実をヒヨドリが好むということから、名前がついた。日本全土、朝鮮半島、中国、インドシナに分布。ナス属。

ナス科

ポイント
茎や葉は腺毛や軟毛で被われる。

ポイント
花冠は5裂して、反り返る。

ポイント
果実は有毒。

ポイント
下部の葉は不規則に切れ込む。

イヌホオズキのなかま

ナス科

イヌホオズキ：犬鬼灯
Solanum nigrum

道ばたや畑に生える。茎は直立して枝分かれし、高さ20〜60cmになる。夏〜秋、茎の途中から枝を出して、白い花を数個つける。日本全土に分布。ナス属。

ポイント
葉は幅の広い卵形で、先はとがる。

ポイント
花冠は深く5裂して反り返る。

果実は黒紫色に熟し、表面につやがない。

オオイヌホオズキ：大犬鬼灯
Solanum nigrescens

イヌホオズキに似ていて、花と果実が小さめで、花冠は深く切れこむ。識別はむずかしい。南アメリカ原産で、本州〜沖縄に帰化。さらによく似たアメリカイヌホオズキもある。ナス属。

ワルナスビ：悪茄子
Solanum carolinense

道ばたや荒れ地などに生える。茎は枝分かれしてななめに立ち上がり、高さ30〜70cmになる。初夏〜秋、枝の先に白色〜淡紫色の花が咲く。根茎で増え、絶やすのがむずかしいので悪名がついた。北アメリカ原産で、牧草に混じって入り、本州〜沖縄に帰化。ナス属。

果実は緑色の後、黄橙色に熟す。

急激に増えている。とげにさわると痛いので注意が必要。

ポイント

茎や葉柄、葉脈上に鋭いとげがある。葉には波打つような大きな鋸歯がある。

ポイント

花冠は5裂して反り返り、裂片は縮れる。

鋸歯が浅い葉もある。

キランソウ :金瘡小草
Ajuga decumbens

道ばたや庭などで地面をはうように広がり、春〜初夏に濃紫色の花をつける。シソ科はふつう茎の断面が四角だが本種はまるい。金瘡小草は漢名。地際の葉は長さ4〜6cm、幅1〜2cmで、地面にふたをしているように放射状に広がることから別名ジゴクノカマノフタという。本州〜九州、朝鮮半島、中国に分布する。キランソウ属。

シソ科

ポイント
花の上唇は下唇よりはるかに小さい。

ポイント
全体に縮れた毛が多い。葉は対生し、波打つような粗い鋸歯がある。

園芸種の名前

キランソウのなかまのAjuga reptansというヨーロッパ原産の野草が園芸植物として好んで栽培される。和名がいくつかあり、セイヨウキランソウ、ヨウシュキランソウ、学名そのままアジュガともいう。園芸植物はさまざまに呼ばれ、名前でイメージが変わり、売れ行きに影響することもある。分類学上の名前とは意味が異なるのがおもしろい。

マルバハッカ：丸葉薄荷
Mentha suaveolens

道ばたや畑のわきなどに生える。茎は直立して枝分かれする。夏〜秋、茎の先に白色または淡藤色の花を穂状につける。全草にハッカの香りがし、白色の毛が多い。ハッカ成分のメンソールの名は属名に由来する。別名アップルミント。ヨーロッパ原産でハーブとして栽培されていたものが野生化して帰化。関東地方以西〜九州に分布する。ハッカ属。

葉をちぎると強いハッカの香りがする。

花は白色または淡藤色。

ポイント
全体に縮れた毛が多い。葉は対生し、まるくて表面にしわが多い。

ウツボグサ：靫草
Prunella vulgaris subsp. asiatica

山のふもとや山地の道ばたなどに生える。茎は直立し、高さ10～30cmになる。夏、茎の先に紫色の花穂をつける。ずんぐりした穂の形を、弓の矢を入れるうつぼという筒に見立てた名前。別名カゴソウ、または夏に花穂が黒く枯れるのでカコソウ（夏枯草）ともいう。北海道～九州、アジア東部～北東部に分布する。ウツボグサ属。

園芸種として知られるセイヨウウツボグサは、本来はヨーロッパ原産の母種。

花は下唇が3裂する。

ポイント

茎の先に長さ5cmほどの花穂をつける。

夏枯草の利用

ラテン語の学名は理解すればいろいろなことがわかる。属名のPrunella は本来ドイツ語で扁桃腺炎を意味し、その治療に使われた。種小名のvulgaris はどこにでもあるの意味で、ヨーロッパ、北アフリカ、オーストラリア、北アメリカに分布する。subsp. asiatica は亜種を示す。漢方では夏枯草という薬草で利尿薬や血圧降下薬になる。■

立ち枯れたウツボグサ。夏枯草として利用される。

シソ科

カキドオシ：垣通し
Glechoma hederacea subsp. grandis

道ばたや畑のわきなどに生える。茎は直立し、高さ5～25cmになる。春、対生する葉の付け根に1～3個の花をつける。カキドオシとは花の後、茎がつるのように伸びて垣根を通して広がることによる。別名カントリソウ（癇取り草）で、子どもの癇を取る薬に利用された。北海道～九州、中国、シベリアに分布。カキドオシ属。

花の中央裂片は浅く切れ込み、濃紅色のもようがある。

ポイント

葉の付け根に1～3個の花をつける。

茎や葉に香りがある。

■ オドリコソウのなかま

オドリコソウ：踊り子草
Lamium album var. barbatum

道ばたの半日陰や、やぶなどに群生する。茎は立ち上がり高さ30〜50cmになる。春〜初夏に茎の上部の葉の付け根に白色、淡黄色、淡紅色などの花をつける。花がまるで笠をかぶった踊り子のようなのでこの名前がある。葉は対生し、卵形に近い三角形〜幅広い卵形で先端がとがる。北海道〜九州、朝鮮半島、中国に分布。オドリコソウ属。

ポイント
花は長さ3〜4cmと大きい。

ヒメオドリコソウ：姫踊り子草
Lamium purpureum

道ばた、庭、畑のわきなどに生える。高さは10〜25cm。花期は春で、花は長さ約1cm。ヨーロッパ原産で、日本全土、東アジア、北アメリカなどに帰化する。オドリコソウ属。

ポイント
赤紫色の葉と、小さな淡紅色の花。

ホトケノザ：仏の座
Lamium amplexicaule

上部の対生する葉が、仏が座る蓮座のようなことから名前がついた。花期は早春〜初夏。高さは 10〜30 cm。春の七草のホトケノザは本種ではなく、タビラコのこと。本州〜沖縄、東アジアなどに分布する。花が開かない閉鎖花をつける。オドリコソウ属。

春の七草のホトケノザ（p.44）とちがい、本種は食べられない。

ポイント
葉は階段状につき、花は葉の付け根に数個ずつつく。

ポイント
上部の葉には葉柄がない。

上部の葉

下部の葉

ヤナギハナガサのなかま

ヤナギハナガサ：柳花笠
Verbena bonariensis

荒れ地や草原、畑のわき、道ばたなどに生える。茎は剛毛が多く、直立して高さ150cmほどになる。断面は四角形で中空。茎の上部で枝分かれし、初夏〜秋、枝の先に紅紫色の花をつける。南アメリカ原産で、ほぼ日本全土に帰化。クマツヅラ属。

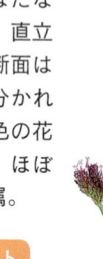

クマツヅラ科

ポイント
穂状の花序は長さ1〜2cmでかたまり状に集まる。

茎を抱く

ポイント
葉は細長く、基部は茎を抱く。

アレチハナガサ :荒れ地花笠
Verbena brasiliensis

荒れ地や河川敷、道ばたなどに生える。茎の剛毛は少なく、高さは150cmほどになる。花期は初夏〜初秋。南アメリカ原産で、本州〜沖縄に帰化している。クマツヅラ属。

ポイント
穂状の花序は長さ約3cmで細長い。

ポイント
葉は幅の狭いだ円形で対生し、基部は茎を抱かない。

ムラサキ科

キュウリグサ：胡瓜草
Trigonotis peduncularis

道ばたや畑などに生える。茎はななめに立ち上がり、高さ10〜30 cm。早春〜初夏、茎の先に花序(かじょ)をつけ、淡青紫色の小さな花をつける。葉をもむとキュウリの香りがするということから名前がついた。別名タビラコだが、春の七草のタビラコ（p.44）とは別種。日本全土に分布。キュウリグサ属。

ポイント
花の中心部は黄色。

ポイント
茎の下部の葉は先がまるくて長い葉柄(ようへい)があり、スプーン状。

ワスレナグサ：勿忘草
Myosotis scorpioides

水辺などに生える。高さ20〜50 cm。花期は初夏〜夏。ヨーロッパ原産で、英語名はForget-me-not（わたしを忘れないで）。園芸植物で北海道、本州、四国に帰化。ワスレナグサ属。

ポイント
花序(かじょ)と花はキュウリグサに似ている。

ポイント
葉はほそ長い。

ハナイバナ :葉内花
Bothriospermum tenellum

道ばたや畑などに生える。高さは5〜30cm。キュウリグサのような花序(かじょ)はつくらず、初春から初冬、上部の葉の付け根に花をつける。葉に包まれるように花が咲くので名前がついた。日本全土、朝鮮半島、中国、東南アジアに分布する。ハナイバナ属。

ポイント
花の中心部は白色。

ポイント
葉はだ円形で葉柄(ようへい)がない。茎には上向きの毛がある。

ヒレハリソウ :領巾張草
Symphytum officinale

ヨーロッパ原産の帰化植物。高さ60〜90cm。明治時代に輸入され、その後、健康食品として栽培されたものが野生化。夏、枝先に淡青紫色〜淡紅色（まれに白色）の花をつける。ヒレハリソウ属。

コンフリーとも呼ばれる。

ヒルガオのなかま

ヒルガオ：昼顔
Calystegia japonica

アサガオに似た長さ5～6cmの桃色の花を、夏の午前10時～夕方に咲かせることから名前がついた。日当たりのよい道ばたのやぶなどにつるでからみつく。葉はほこ状や、やじり状の変わった形で、葉身の基部に横に張り出した側片がある。果実は熟さない。北海道～九州、朝鮮半島、中国に分布。中国では旋花（せんか）という。ヒルガオ属。

ポイント
花柄に翼がない。

ポイント
葉身の基部の張り出しは分裂しない。

花は直径約5cm。

コヒルガオ：小昼顔
Calystegia hederacea

本州～九州、東南アジアに広く分布。沖縄では帰化植物である。最近ヒルガオと区別できない個体があることがわかってきた。ヒルガオ属。

ポイント

葉身の基部の張り出しが分裂する。

ポイント

花柄に翼がある。

花は直径3～4cm。

花の咲く時間が名前となった

ヒルガオは早朝に開花して昼にしぼむアサガオに対する名前。このほかによく似た花を咲かせる植物で、開花時間によってユウガオ、ヨルガオがあり、朝、昼、夕、夜と名がそろう。静岡県の方言ではヒルガオを昼朝顔ということもある。ほかにも花が昼過ぎに開き、翌朝しぼむアオギリ科のゴジカ（午時花）などがある。

マメアサガオのなかま

マメアサガオ：豆朝顔
Ipomoea lacunosa

道ばたや荒地などに生え、つるでほかの物にからみついて広がる。夏〜初秋、ろうと状の小さな花をつける。葉はハート形で3裂(れつ)することが多く、側片(そくへん)が張り出す。北アメリカ原産で、戦後になって帰化した。東北地方中部以南に分布している。サツマイモ属。

ポイント
花の枝が短めで、粒状の突起がびっしりとある。

花は直径約2cmで、白色や淡紫色などがある。

側片(そくへん)

葉柄(ようへい)

縁(ふち)や葉全体が赤紫を帯びることもある。

ヒルガオ科

ホシアサガオ:星朝顔
Ipomoea triloba

花期は夏〜初秋。葉はハート形だが、3裂することもある。南アメリカ原産で、戦後に帰化。東北地方以南に分布している。サツマイモ属。

ポイント
花の枝は葉柄(ようへい)より長く、粒状の突起は少ない。

花は直径1.5〜2cmで、淡紫色。中心の色が濃い。

サツマイモとホシアサガオ

サツマイモ Ipomoea batatas の属名Ipomoeaはイモムシの意味で、batatasはスペイン語でサツマイモの意味。野生は知られていないが、紀元前3000年から栽培されてきた。江戸時代に鹿児島県に伝えられ、薩摩芋(さつまいも)となった。花はホシアサガオに似ている。食料として戦時中には盛んに生産されたが、現在は焼酎の原料として見直されている。

マルバアサガオのなかま

マルバアサガオ：丸葉朝顔
Ipomoea purpurea

道ばたや人家のまわりに生える。つる性で、茎には下向きの長毛があり、ほかの物にからんで広がる。夏～初秋、葉のわきから花の枝を出し、ろうと状の花を数個つける。葉はハート形で、縁（ふち）がまるいので名前がついた。熱帯アメリカ原産で、江戸時代中頃に観賞用に栽培され、現在は関東地方以西に分布する。サツマイモ属。

ヒルガオ科

ポイント
花の枝は葉柄（ようへい）より長い。

花は直径約5～7cmで、紅紫、青、白色などがある。

葉柄

ポイント
葉はハート形。

葉は細かい毛で覆われ、わしわしとした手ざわりがする。

アメリカアサガオ
Ipomoea hederacea

花期は夏〜初秋。熱帯アメリカ原産で、現在関東地方以西に帰化しているものは、輸入穀物に混じって広がったとされる。葉が切れ込まないマルバアメリカアサガオもある。サツマイモ属。

ポイント 花の枝は葉柄より短い。

花は直径約3cmで、紫、淡紫、白色などがある。

ポイント 葉は深く3裂、まれに5裂する。

アサガオの歴史

アサガオ Pharbitis nil は、江戸時代に人気となった園芸植物。俳句では秋の季語である。原産地は中国からヒマラヤにかけてか、東南アジアと考えられている。日本へは奈良時代末期に渡来して、平安時代に「阿佐加保」の和名がついた。秋の七草のひとつだが、山上憶良が七草を詠んだ奈良時代中期にはまだなかった。

ルコウソウのなかま

ヒルガオ科

マルバルコウソウ：丸葉縷紅草
Ipomoea coccinea

道ばたや人家のまわりに生える。つる性で、ほかの物にからみついて広がる。夏〜秋、葉のわきに直径1.5〜2cmのろうと状の花を咲かせる。葉はハート形で、長さ幅とも約10cm。熱帯アメリカ原産の帰化植物で、観賞用のものが野生化し、本州〜沖縄に分布している。サツマイモ属。

花の後、アサガオのような種子が熟す。

フェンスなどにからみつく。

花はオレンジがかった紅色。

ポイント
葉はハート形。

古くて新しいルコウソウ

名前は縷紅草（るこうそう）。縷は葉が細く切れ込んでいる様子で、紅は紅色の鮮やかな花のこと。留紅草ともいう。日本への渡来は寛永11年（1634）で徳川幕府の頃。太平の世となった元禄には「かぼちゃ朝顔」と呼ばれ親しまれた。時代が変わり、今やそれが雑草となり畑や林縁（りんえん）を覆い始めた。愛しさ変じて憎まれものの害草となりつつある。

ルコウソウ：縷紅草
Ipomoea quamoclit

縷はほつれたぼろ布を意味し、羽状に裂けた葉を表す。花期は夏～秋。葉は長さ約10 cm、幅約7 cm。熱帯アメリカ原産で、観賞用のものが野生化。本州～沖縄に分布。サツマイモ属。

ポイント
葉は羽状に深く切れ込む。

果実は上向き。

花は紅色のほかに、白色もある。

モミジルコウソウ：紅葉縷紅草
Ipomoea × multifida

ルコウソウとマルバルコウソウとの交配でつくられたとされる園芸種。花期は夏～秋。葉は長さ幅とも約8 cm。本州～九州に分布。サツマイモ属。

ポイント
葉はモミジのように深く切れ込む。

花は紅色。

ヤエムグラのなかま

ヤエムグラ：八重葎
Galium spurium var. echinospermon

やぶや荒れ地に生える。茎にある下向きのとげで、ほかの物にからみつく。葉は6〜8個が輪生するが、2個が本来の葉で、ほかは托葉が変化したもの。初夏に茎の先や葉の付け根から枝を出して、黄緑色の花を10個ほどつける。幾重にも生い茂って、やぶのようになることから名前がついた。日本全土に分布する。ヤエムグラ属。

子どもが葉を服にくっつけて遊ぶヤエムグラ。

果実に長いとげがある。

花冠は4裂する。

茎に下向きの細かいとげがある。

ポイント
葉はへら形で先のほうは丸く、先端がとがる。

ヨツバムグラ：四葉葎
Galium trachyspermum

田のあぜや道ばたに生える。茎はななめに立ち上がり、高さ20〜50cm。花期は初夏。北海道〜九州、朝鮮半島、中国に分布。ヤエムグラ属。

果実には短い突起状の曲がった毛がある。

ポイント
葉は卵状だ円形〜円形。

ヨツバムグラもヒメヨツバムグラも葉は4個が輪生し、うち2個は托葉。

ヒメヨツバムグラ：姫四葉葎
Galium gracilens

土手や丘陵地などに生える。ヨツバムグラよりずっと小型。花期は初夏。本州〜九州、朝鮮半島、中国に分布。ヤエムグラ属。

花は直径1mmと非常に小さい。

果実にヨツバムグラと同様の毛がある。

ポイント
葉は細い。

ヘクソカズラ :屁糞蔓
Paederia scandens

やぶや道ばたなどに生える、つる性の植物。全草に悪臭があるので名前がついた。葉の柄の付け根から枝を出して、夏〜秋、花を数個つける。別名ヤイトバナ、サオトメカズラ。ヤイトバナとは、花の中心部が灸（ヤイト）の跡に似ているということから、サオトメカズラは早乙女が田植えをするころ花が咲くことによる。日本全土に分布。ヘクソカズラ属。

かわいらしい花からは想像できない名前と匂い。

ポイント
果実も臭い。薄茶色に熟す。

ポイント
花冠は浅く5裂し、中心部が紅紫色。

ポイント
葉は細長いハート形で、葉の柄の基部に三角形の托葉がある。

ガガイモ：蘿藦
Metaplexis japonica

野原の日当たりのよいところに生えるつる性の植物。夏、葉の付け根から枝を出して、花を10数個つける。果実は熟すと割れて種子を出す。種子には白い毛があり、止血の効果があるという。北海道～九州、朝鮮半島、中国に分布。ガガイモ属。

キョウチクトウ科

ポイント
果実は長さ8～10cm

ポイント
花冠は5裂して反り返る。花冠の内側に毛が密生。

ポイント
葉や茎を切ると乳液がでる。葉は長いハート形で、表面は濃い緑色、裏面は白緑色。

✿ オカトラノオのなかま

オカトラノオ：岡虎の尾
Lysimachia clethroides

野山の日当たりのよい草地や林縁などに生える。茎は直立し、高さ60〜100cmになる。夏、茎の先に長い花序をつけて、白い花をたくさん咲かせる。岡に生え、花序の先が動物の尾のようになびいたようすから名前がついた。湿地に生えるヌマトラノオ（沼虎の尾）もある。北海道〜九州、朝鮮半島、中国に分布。オカトラノオ属。

サクラソウ科

ポイント
花は直径8〜12mm。花序の先は直立せずになびく。

葉は互生。卵形〜幅のせまい卵形、あるいは長だ円形で先はとがる。

コナスビ：小茄子
Lysimachia japonica

道ばた、庭や公園などに生える。茎はまばらに毛があり、地面をはうように広がる。全体にナス科の植物を思わせることや、果実を小さなナスに見立てて名前がついた。花期は初夏〜夏。葉の付け根にひとつずつ黄色の花をつける。花弁は杯状で深く5裂する。日本全土、中国、インドシナなどに分布。オカトラノオ属。

花は直径6〜7mm。

果実は球形で、まばらに毛が生える。

オカトラノオとコナスビの花

サクラソウの花は5枚ある花弁が基部で合着して筒状となり、先が5裂する。雄しべは5個で、雌しべは1個。オカトラノオとコナスビの花は同じ構造をしている。星のように広がる5枚の花びらは根元でくっついている。花のつくりを理解するのによい材料だ。野外で見ることも多い。ルーペでのぞくと新しい世界が開けるにちがいない。

チドメグサのなかま

チドメグサ：血止草
Hydrocotyle sibthorpioides

道ばたや空き地などに生える。茎は地面をはい、節から根を出して広がる。夏〜秋、花柄の先に、5弁花が球状につく。葉は掌状に浅裂する。本州〜沖縄、オーストラリアなどに分布。チドメグサ属。

ヒメチドメ：姫血止
Hydrocotyle yabei

丘や山の林下などに生える。花期は夏〜秋。葉が小さく、光沢はない。縁が深く切れ込み、基部は深く入り込む。冬芽を作って繁殖する。本州〜九州に分布する日本固有種。チドメグサ属。

ポイント 葉が小さく、浅裂。 1〜1.5cm

ポイント 葉が小さく、5〜7深裂。 0.5〜2cm

ポイント 花序の柄は、葉柄より短い。

花序

ポイント 花序の柄は、葉柄より短い。

花序　果実

ポイント 花は10数個。

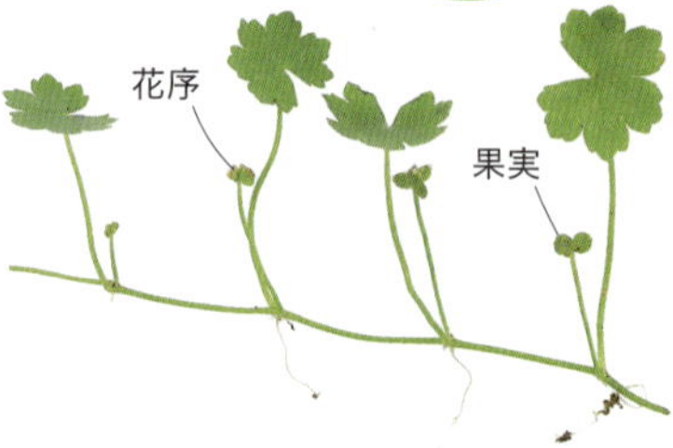

ポイント 花は2〜5個。

ウコギ科

あやしい血止草の薬効

チドメグサの葉を傷口に貼ると血が止まるというが、書物には貼ると「効果がある」と断定するものと「効くといわれる」というのがある。中国では全草が解熱や解毒、利尿に効くという。どうやらこれが本当らしい。日本には6種あるが、薬用になるのはチドメグサのみだ。

ノチドメ：野血止
Hydrocotyle maritima

暖地の野原に生える。花期は夏～秋。本州～沖縄に分布。チドメグサ属。

ポイント　2～3cm
葉が大きく、5深裂。

ポイント
花序の柄は、葉柄より短い。

ポイント
花は10数個。

オオチドメ：大血止
Hydrocotyle ramiflora

湿った場所に生える。花期は夏～秋。北海道～九州に分布。チドメグサ属。

ポイント　1.5～3cm
葉が大きく、浅裂。

ポイント
花序の柄は、葉柄より長い。

葉柄

ポイント
花は10数個。

✱ ヤブジラミのなかま

ヤブジラミ：藪虱
Torilis japonica

野原のやぶや道ばたに生える。茎は直立して枝分かれし、高さ30〜70cmになる。初夏〜夏、上部の茎の先や葉の付け根から、2段に枝分れした花序(複散形花序)を出し、小さな白色の5弁花をたくさんつける。果実に先の曲がった毛が密生し、衣服や動物の毛につくので、やぶのシラミと名がついた。日本全土、ユーラシアに広く分布。ヤブジラミ属。

セリ科

ポイント
花柄は多く5〜10個。

葉は2〜3回羽状複葉。

未熟な果実は緑色。

オヤブジラミ：雄藪虱
Torilis scabra

野原のやぶや道ばたに生える。茎はやや紫色を帯びて、高さ30〜70cm。花期は初夏〜夏だが、ヤブジラミよりやや早い。本州〜沖縄、朝鮮半島、中国に分布。ヤブジラミ属。

ポイント

花柄は少なく2〜5個。

葉は3回羽状複葉。

ヤブジラミとオヤブジラミの実は、服につけて遊ぶひっつき虫の定番。

花や未熟な果実の縁が赤紫色を帯びることがある。

セリ：芹
Oenanthe javanica

湿地、田、溝などの湿ったところに生える。高さは20〜80 cm。長い柄のある葉を盛んに出す。夏、枝分かれした花序(かじょ)を出し、小さな白色の5弁花(べんか)をたくさんつける。茎や葉に香りがある。若葉は春の七草のひとつで、野菜として栽培もされる。日本全土、東アジア、インド、オーストラリアなどに分布。よく似た大型のドクゼリは有毒。セリ属。

花柄(かへい)の長さがそろっているので、花序(かじょ)はまとまっている。

ポイント
葉は1〜2回3出(しゅつ)羽状(うじょう)複(ふく)葉(よう)。

セリ科には注意

セリやミツバは美味だが、セリ科には恐ろしい猛毒植物もある。ドクゼリは北海道〜九州の水辺に生える。根をワサビと誤って食べた人が死亡することがある。根にある竹のような節を見逃したためだ。ドクニンジンはヨーロッパ原産で、関東〜中国地方に帰化している。草原に生えるニンジンに似た植物で、毒による処刑に使われた。ソクラテスの処刑には新鮮な根のしぼり汁コップ1杯が使われた。

ドクゼリの根

ミツバ：三葉
Cryptotaenia japonica

野山の湿り気のある林縁などに生える。茎は直立して枝分かれし、高さは30〜90cm。初夏〜夏、枝の先の花序に、小さな白色の5弁花をつける。茎や葉に香りがあり、野菜として栽培もされる。小葉が3つあるので三葉とついた。北海道〜九州、朝鮮半島、中国に分布。ミツバ属。

日本原産のハーブの代表。

ポイント
花柄の長さは不ぞろいで、花はまばらにつく。

ポイント
葉は3出複葉で、小葉はひし形。

長い葉柄がある。

ハナウド :花独活
Heracleum nipponicum

川の土手や林縁（りんえん）などに生える。茎は直立して上部で枝分かれし、高さ0.5〜2mになる。初夏〜夏、茎の上部に枝分かれした大型の花序（かじょ）を出し、白色の5弁花（べんか）をたくさんつける。関東地方以西の本州〜九州に分布する。ハナウド属。

ポイント
花弁（かべん）は深く2裂（れつ）して、大きさが不ぞろい。花序（かじょ）の外側に当たる位置の花弁が大きい。

ポイント
葉は3出複葉（しゅつふくよう）〜単羽状複葉（たんうじょうふくよう）で、小葉（しょうよう）は切れ込む。

ノラニンジン：野良人参
Daucus carota

荒れ地に生える。茎は直立して、高さ1〜2mになる。夏、茎の先に枝分かれして皿状に開いた花序(かじょ)を出し、白色の5弁花をたくさんつける。ニンジンと同じ学名で、英語名は Wild carrot だが、根は赤くならず、ニンジンとの関係は不明。ヨーロッパ原産で日本各地に帰化している。ニンジン属。

花の後、先が曲がった毛が密生(みっせい)した果実ができる。花も果実もニンジンにとても似ている。

花弁は先がややへこむ。

花の中心や花全体が、淡紅色〜紫色を帯びることがある。

ポイント
葉は2〜3回羽状複葉。

マツヨイグサのなかま

メマツヨイグサ：雌待宵草
Oenothera biennis

道ばたや川原などに生える。茎は直立し、高さ0.3～2m。夏～秋、直径1.5～3cmのあざやかな黄色の4弁花をつける。花は夕方から咲き始め、朝にはしぼむ。月見草とか宵待草ともいわれるが、その呼び方はまちがい。北アメリカ原産。本州～九州に帰化する。マツヨイグサ属。

オオマツヨイグサ：大待宵草
Oenothera glazioviana

荒れ地に生える。花期は夏～秋。高さは1m～1.5m。花は夕方に開き、直径6～8cmと大きく、しぼむと橙赤色になる。ヨーロッパ原産で、北海道～沖縄に帰化。マツヨイグサ属。

アカバナ科

花弁の先がへこむ。

ポイント 茎に上向きの毛が生える。

ポイント 葉は幅のせまいだ円形で、縁が波打つ。

ポイント 茎に基部が赤くふくらんだ毛がある。

ポイント 葉は幅のせまい卵形～長だ円形。

マツヨイグサ：待宵草
Oenothera stricta

道ばたなどに生える。花期は初夏〜秋、花は直径3〜5cmで花弁の基部が赤色を帯びる。南アメリカ原産で、本州〜九州に帰化。マツヨイグサ属。

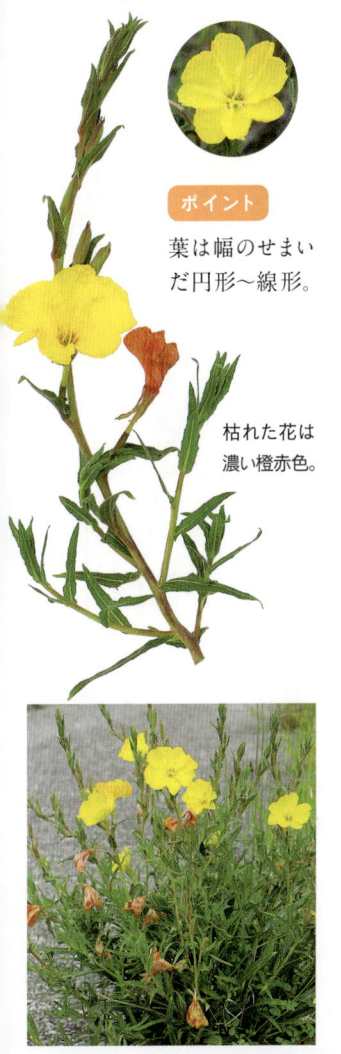

ポイント

葉は幅のせまいだ円形〜線形。

枯れた花は濃い橙赤色。

コマツヨイグサ：小待宵草
Oenothera laciniata

荒れ地や砂地などに生える。茎は地面をはうように広がる。葉は長だ円形で、縁が浅く裂ける。花期は初夏〜夏、花は直径約4cm。北アメリカ原産で、関東地方以西〜九州に帰化。マツヨイグサ属。

枯れた花は橙色。

ポイント

葉は切れ込む。

ユウゲショウのなかま

ユウゲショウ：夕化粧
Oenothera rosea

道ばたや川の側などに生える。茎は直立して、高さ20〜60cmになる。初夏〜秋、上部の葉の付け根に紅色〜紅紫色の4弁花をつける。夕化粧の名のとおり夕方に開花するが、昼間も咲き残る。別名アカバナユウゲショウ。北アメリカ原産で、観賞用として栽培されていたものが、本州、四国に帰化。最近、分布を広げている。マツヨイグサ属。

アカバナ科

ポイント
花は直径約1cmで、紅色が強い。

ポイント
葉はだ円形〜卵形で、下部の葉は切れ込むこともあるが、ヒルザキツキミソウほどではない。

ヒルザキツキミソウ：昼咲月見草
Oenothera speciosa

人家のまわりに生える。高さ30〜60cm。初夏〜秋、上部の葉の付け根に、淡紅紫色、あるいは白色の4弁花をつける。淡紅紫色のものは明け方、白色のものは夕方開花する。北アメリカ原産で、観賞用として栽培されていたものが、本州、四国、沖縄などに帰化。マツヨイグサ属。

ポイント
花は直径約5cmで、花弁の先ほど色が濃い。

花粉は糸状、虫などの体にからむ。

ポイント
葉は幅のせまいだ円形〜卵形で、下部の葉は切れ込む。

生物多様性と帰化植物

海によって隔離されることで生物は大陸ごとに多様に進化して、地球の生物多様性がもたらされた。しかし、人間が種子や苗を運んで海の障害を無意味にすると、生物多様性は維持できないことがわかってきた。新大陸の北アメリカにだけあるマツヨイグサ属のような植物が、世界中に帰化することになったら、地球環境はどう変わってしまうのだろうか。今のところまだ誰にもわからない。

ミソハギのなかま

ミソハギ：禊萩
Lythrum anceps

田、沼、小川の岸辺など湿地に生える。茎は直立して枝分かれし、高さ50〜150cmになる。夏、茎や枝の上部の葉のわきに、紅紫色の花をつける。お盆になると仏壇や墓前にミソハギの花を供えるので、ミソは禊から転じたという説と、水辺に生えるので溝から転じたという説がある。北海道〜九州、朝鮮半島に分布する。ミソハギ属。

ミソハギ科

花は4〜6弁、花弁がちぢれる。

ポイント
全体に毛はない。

ポイント
葉はふつう対生し、基部は茎を抱かない。

エゾミソハギ：蝦夷禊萩
Lythrum salicaria

湿原、湿地に生える。花期は夏。北海道〜九州、ユーラシア、アフリカ、北アメリカの温帯に広く分布する。ミソハギ属。

ミソハギ同様に花は4〜6弁、花弁がちぢれる。

ポイント
全体に微毛がある。

輪生

ポイント
葉は対生、ときに3つ輪生し、基部が茎を少し抱く。

対生

カラスウリのなかま

カラスウリ：烏瓜
Trichosanthes cucumeroides

夏の夜、レース状に切れ込んだ白い花弁の美しい花を咲かせる。花は翌朝にはしぼむ。林縁（りんえん）ややぶなどで、巻きひげでほかの物にからみつくつる性の植物。雌雄異株（しゆういしゅ）。葉は掌状（しょうじょう）で浅く3〜5裂し、長さ6〜10cm、幅6〜10cm。別名タマズサ（玉梓・玉章）。果実は熟すと、朱赤になる。本州〜九州、中国に分布する。カラスウリ属。

ポイント
花弁（かべん）の先がレース状に細くなる。

ポイント
葉はつやがなく、ざらざらした感じ。

ポイント
果実は、縞（しま）のある緑、橙、朱赤と熟していく。

ウリ科

キカラスウリ：黄烏瓜
Trichosanthes kirilowii var. japonica

果実は熟すと黄色になり、中の種子は咳や痰の薬に利用される。根から取ったでんぷん粉は、水分の吸収がよいので、あせもの予防や治療の天花粉となる。北海道〜九州に分布する。カラスウリ属。

ポイント
花弁の先があまり細くならない。

ポイント
葉は濃緑色でつやがあり、やわらかい感じ。

ポイント
果実には縞がなく、熟すと黄色になる。

スズメウリ：雀瓜
Melothria japonica

原野や湿地などに生える。つる性で、ほかの物にからみつきながら伸びる。夏～秋、葉の付け根に直径6～7mmの花をつける。雌雄同株。花の後に球形の果実ができる。果実をスズメの卵に見立てた名前だとか、カラスウリより果実が小さいのでスズメウリと名づけられたとかいわれる。本州～九州、韓国の済州島に分布。スズメウリ属。

雄花。花弁は深く5裂する。

雌花。子房が大きい。

ポイント
葉身の基部が開く。

ポイント
果実は直径1～2cm。はじめは緑色で、熟すと白くなる。

ウリ科

アレチウリ：荒地瓜
Sicyos angulatus

河川敷や畑などで大群落をつくり、つるでからみながら、ほかの植物を圧倒する強害草。全体に軟毛がある。夏〜秋、葉の付け根から花序を出し、薄緑〜黄白色の花を咲かせる。雄花、雌花があり、それぞれ別の花序につく。北アメリカ原産の帰化植物。1952年に静岡県清水港で見いだされ、現在は北海道〜九州に分布。アレチウリ属。

ポイント
花弁は5裂する。雄花の花序は柄が長く(左)、雌花の花序は短い。

ポイント
果実は直径1cm。軟毛と柔らかい毛で被われる。

スミレのなかま

タチツボスミレ：立坪菫
Viola grypoceras

道ばたや林内などに生える。花期は春。花は5弁で紅紫色、一番下にある唇弁に距という蜜を貯めるふくらみがある。スミレとは、横から見た花の形が大工道具の墨入れに似ていることから。スミレのなかまの種子にはエライオソームという白いかたまりがあり、これを好むアリが種子を運んで分布を広げる。日本全土に分布。スミレ属。

地上に茎があって、葉や花がつく。

托葉

距

花弁は長さ1.2〜1.5cmで淡紫色、距は比較的細い。

ポイント

葉はハート形で、托葉は深く切れ込む。

ニョイスミレ：如意菫
Viola verecunda

平地や丘陵地の湿ったところに生える。春に咲く。ニョイ（如意）とは仏具で、葉の形が似ていることから。別名ツボスミレ。北海道～九州、樺太、中国などに分布。スミレ属。

地上に茎がある。

ポイント
葉はハート形。

ポイント
花弁は長さ0.8～1.0cmで白色、唇弁に紫色のすじがある。距は太く短い。

スミレ：菫
Viola mandshurica

道ばた、庭、草地、丘陵地などに生える。高さは5～20cm。地下茎から花と葉を出す。花期は春。北海道～九州、朝鮮半島、中国、シベリア東部などに分布。スミレ属。

翼

ポイント
花弁は長さ1.2～1.7cmで濃い紫色、距は太い。

ポイント
葉身は長いハート形で、葉柄には翼がある。

アオイ科

イチビ：莔麻
Abutilon theophrasti

畑、荒れ地などに生える。茎は直立して上部で枝分かれし、高さ50〜100cmになる。夏〜秋、上部の葉の付け根に黄色の5弁花をつける。インド原産で、茎の表皮から繊維をとるために古く中国から渡来した。最近は種子が輸入飼料に混じって、畑などに入り、強害草となっている。ほぼ日本全土に帰化する。イチビ属。

葉はハート形で先がとがり、長い葉柄がある。

ポイント
花は直径約2cmで黄色。

果実は緑色〜黒色に熟す。直径1.5〜2cmで、ふつう16室くらいに分かれる。

ゼニバアオイのなかま

ゼニバアオイ：銭葉葵
Malva neglecta

道ばた、畑のわきなどに生える。高さ30～60cm。夏～秋、葉の付け根に白地に淡紅色のもようのある花をつける。ユーラシア原産で、ほぼ日本全土に帰化。ゼニアオイ属。

ポイント
花は直径約1.2～2cmで長い花柄(かへい)がある。

ポイント
葉は円形で浅く5～7裂(れつ)、長い葉柄がある。

フユアオイ：冬葵
Malva verticillata

海岸近くの荒れ地や畑などに生える。高さ60～100cm。花期は夏～秋。変種のオカノリは冬場の野菜として利用され、また海苔(のり)の代用とされた。東アジア原産で本州～沖縄に帰化。ゼニアオイ属。

ポイント
花は直径約1cmで花柄は短い。

葉は円形で掌状(しょうじょう)に5～7裂、葉柄(ようへい)はゼニバアオイより短い。

ヤブガラシ：藪枯らし
Cayratia japonica

道のわき、畑などに生える。つる性で、葉や花序(かじょ)と対生する巻きひげでからむ。夏、まばらに枝分かれした花序に、直径約5mmの黄緑色の4弁の花をつける。繁殖力が強く、やぶを枯らすほどだということで名前がついた。日本全土、朝鮮半島、中国、マレーシア、インドに分布。ヤブガラシ属。

ブドウ科

ポイント
花弁(かべん)や萼片(がくへん)などがつく皿状の花盤(かばん)は緑、紅、橙色と変化していく。

ポイント
葉はふつう5個の小葉(しょうよう)からなる複葉(ふくよう)で、小葉には柄がある。

ノブドウ：野葡萄
Ampelopsis brevipedunculata var. heterophylla

山地や野原などに生える。つる性。花期は夏。花は直径3〜5mmの黄緑色の5弁で、果実は淡紫色〜青色に変化する。日本全土に分布。ノブドウ属。

ポイント
葉はふつう3〜5裂する。

秋にきれいな実をつけるが食べられない。

ポイント
花序はまばらに枝分かれする。

エビヅル：海老蔓
Vitis ficifolia

山地や野原などに生えるつる植物で雌雄異株。花期は夏。花は直径約5mmで黄緑色の5弁。果実はブドウの形で食用。本州〜九州に分布。ブドウ属。

エビとは葡萄の古名。

ポイント
葉は3〜5裂。若い葉の裏は毛が密生して白い。

雄花

ポイント
開花すると花弁はすぐに落ちる。花序は円錐状。

トウダイグサのなかま

トウダイグサ :燈台草
Euphorbia helioscopia

道ばたや畑のわきなどの日当たりのよいところに生える。茎の先に大きな葉を輪状につけ、春〜夏、その葉の付け根から出した枝の先に、つぼ状の総苞に雌花と雄花が入った独特な形の花の集まり（杯状花序と呼ばれる）をつける。昔の照明に使う燈明を置く台である燈台に、すがたが似ていることから名前がついた。北半球の温帯、暖帯に広く分布する。トウダイグサ属。

腺体
子房

ポイント

花の縁にある腺体はだ円形。丸いものは子房で粒状の突起はない。

ポイント

葉はへら形〜倒卵形。

ノウルシ：野漆
Euphorbia adenochlora

河川敷などの湿ったところに生える。高さは30〜40cm。花期は春。茎を切ると出る白い液にふれると、ウルシのようにかぶれるので名前がついた。北海道〜九州に分布。トウダイグサ属。

子房
腺体

ポイント
腺体は黄色で、子房に粒状の突起がある。

ポイント
葉は長だ円形で先がとがる。

液にさわるとかぶれる。

コニシキソウのなかま

コニシキソウ：小錦草
Euphorbia supina

道ばた、畑のわき、庭などに生え、地面をはうように広がる。夏〜秋、枝先の葉のわきに、薄紅色の花をつける。茎や果実に毛が多い。葉は長さ0.7〜1 cm。北アメリカおよび中央アメリカ原産で、明治中期に渡来して日本全土に帰化した。トウダイグサ属。

トウダイグサ科

― 腺体（せんたい）
― 子房（しぼう）

ポイント
花の腺体は薄紅色で、子房に伏した毛がある。

斑紋のうすい葉もある。

ポイント
葉はだ円形で、紫色の斑紋がある。

オオニシキソウ：大錦草
Euphorbia nutans

道ばた、空き地に生える。赤味を帯びた茎が立ち上がるのが特徴。花期は夏～秋。葉は1.5～3.5 cm。北アメリカおよび中央アメリカ原産で、明治末期に見いだされた。本州～九州に分布する。トウダイグサ属。

子房
腺体

ポイント
葉はだ円形で、斑紋がないことが多い。

ポイント
腺体は白色で、子房に毛がない。

ニシキソウ：錦草
Euphorbia humifusa var. pseudochamaesyce

多くは見られなくなっている在来種。花期は夏～秋。果実と茎は無毛、または毛は少し。葉は長さ0.4～1 cm。ニシキとは、葉の緑と茎の赤さを錦にたとえた。本州～九州、ユーラシアの温帯に分布。トウダイグサ属。

腺体
子房

ポイント
腺体は紅色で、子房に毛がない。

🌱 コミカンソウのなかま

コミカンソウ：小蜜柑草
Phyllanthus lepidocarpus

道ばた、畑のわき、庭などに生える。細い茎が直立し、枝を数段水平に伸ばして、高さ15〜50cmになる。枝に長さ0.6〜2.5cmの葉がたくさん並んで、羽状複葉（うじょうふくよう）のように見える。夏〜秋、枝に小さな花と果実が一列にぶら下がる。果実は小さなミカンのようなのでこの名前がついた。本州〜沖縄に分布する。コミカンソウ属。

ミカンのような果実。

葉をうら返すと小さな果実がびっしり。

雄花

雌花（果実）

ポイント
枝の先のほうに雄花（おばな）をつけ、根元に近いほうに雌花（めばな）をつける。果実は柄がない。

雌花

雄花

ナガエコミカンソウ：長柄小蜜柑草
Phyllanthus tenellus

道ばたや庭などに生える。花期は夏～秋。葉は卵形で、長さ1.5～3.5cm。別名ブラジルコミカンソウ。インド洋の諸島原産で、日本では最近見いだされ、関東地方以南に帰化した。コミカンソウ属。

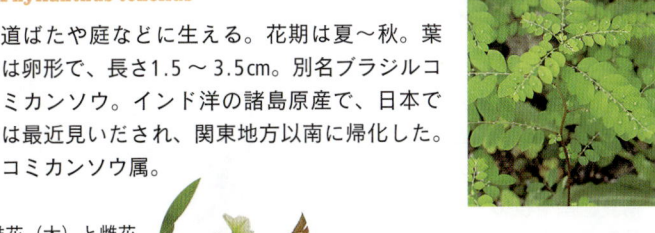

雄花（大）と雌花（小）が同じところにつく。

果実

ポイント
果実は緑色で4～8mmの柄がある。

ヒメミカンソウ：姫蜜柑草
Phyllanthus matsumurae

道ばたや畑のわきなどに生える。花期は夏～秋。果実は緑色で短い柄がある。葉は先がとがり、長さ約1cm。本州～九州に分布する。コミカンソウ属。

茎についた花

横枝

ポイント
横枝だけではなく、茎にも花がつく。

ポイント
雄花（大）と雌花（小）が同じところにつく。果実には長さ0.5mmの柄がある。

アメリカフウロのなかま

アメリカフウロ：亜米利加風露
Geranium carolinianum

道ばたや空き地などに生える。茎はよく枝分かれし、ななめに立ち上がって高さ10〜60cmになる。茎は毛が密生し、赤紫色を帯びることが多い。春〜初夏、茎や枝の先に淡紅色の5弁花を数個つける。北アメリカ原産で昭和初期に渡来し、本州〜沖縄に帰化している。フウロソウ属。

花は直径約1cm。

ポイント
葉は掌状に深く切れ込み、裂片はさらに細かく裂ける。

果実はゲンノショウコによく似る。はじけたすがたも似ている。

果実

フウロソウ科

ゲンノショウコ：現の証拠
Geranium nepalense subsp. thunbergii

野山の草むらなどに生える。高さ30～50cm。茎、葉柄、花柄などに毛が多い。夏～秋、白色、または紅紫色の花をつける。全草を陰干ししたものを、下痢止めの薬として利用。漢字名は、薬の効能が現に証拠としてあるという意味。別名ミコシグサ。北海道～奄美大島、朝鮮半島、台湾に分布。フウロソウ属。

花は直径1～1.5cmで、花弁の先がへこむものもある。

果実は長さ約2cm。はじけて種子を出す。別名のミコシグサは、そのすがたを御輿の屋根にたとえた。

ポイント
下部の葉は5裂し、上部の葉は3裂する。

生薬研究から植物分類学へ
「現の証拠」は自然物を薬とする生薬の一種で、わが国に古くから伝わる民間薬である。生薬の研究は中国の「本草学」に長い歴史がある。その集大成ともいうべき李時珍著『本草綱目』が江戸幕府に伝えられると、日本の生薬の知識を刺激した。やがて自然界のすがたを求める博物学が盛んになり、現代にいたる植物分類学へと発展した。

カタバミのなかま

カタバミ：傍食
Oxalis corniculata

道ばたの裸地や畑に生える丈の低い草。茎は地面の上や下をはい、柄のある葉をつける。花は黄色で小さい。花期は春〜秋だが、条件がよければ年中咲く。葉は茎の上方にだけ伸びて、反対にはないという意味の傍食が名前のもと。葉はハート型の小葉3枚からなり、曇天や夜間は閉じる。世界中に分布する。カタバミ属。

葉は酸味がある。

カタバミのなかまの果実は、熟すと中の種子が飛び出す。

花は直径約1cm、雄しべ10個。

ポイント
茎は地面をはい、高さは10〜30cm。

物理的な乾湿運動で種子が飛ぶ

カタバミは花が散った後、小さなバナナを立てたような果実ができる。果実は長さ1.5〜2.5cmで、皮が薄く乾燥している。実を横に切ると五角形で、縦に見ると種子は一列にたくさん並んでいる。果実が熟すと、種子にある白い肉質の皮が急にやぶれて裏返しになり、この力で種子を飛ばす。その距離は60cmにもなる。

オッタチカタバミ
Oxalis dillenii

カタバミと同じようなところに生える。花期は春〜秋。北アメリカ原産の帰化植物。1965年に京都府で見いだされ、現在は本州〜九州に分布。カタバミ属。

茎が立ち上がるカタバミということで、オッタチカタバミの名前がある。

花はカタバミにそっくりで、見分けがつかない。

ポイント
茎が立ち上がり、高さは10〜50cm。

ポイント
葉は茎の途中から2枚ずつ集まって生える。

ムラサキカタバミのなかま

ムラサキカタバミ：紫片食
Oxalis corymbosa

人家のまわりや道ばたなどに生える。地際から長い柄のある葉を出す。葉はハート形の3個の小葉からなる。日中は開き、夜間や曇りのときは閉じる。早春〜初冬、葉柄より長い花茎の先に5弁花を1〜15個つける。南アメリカ原産で、観賞用として渡来し、ほぼ日本全土に帰化している。カタバミ属。

葉や花が集まって生える。

花茎の先に数個ずつ花をつける。

ポイント
花は淡紅色で直径1〜1.5cm、中央は緑白色で萼は白色。

葉はカタバミ（p.128）より大きい。

ポイント
鱗茎はイモカタバミより小さい。この鱗茎が発芽して増える。

イモカタバミ：芋片食
Oxalis articulata

道ばたや畑のわきなどに生える。花期は春〜秋。地下にかたまり状の塊茎（イモ）ができる。南アメリカ原産。観賞用として渡来し、本州〜九州に帰化。カタバミ属。

ポイント

花は淡紅色で直径約1.5cm、中央部は濃い紅色で葯は黄色。

葉はムラサキカタバミと見分けがつかない。

ポイント

塊茎に小さな塊茎がたくさんつき、大きな株になる。

ハナカタバミ：花片食
Oxalis bowieana

人家のまわりに生える。高さは約30cm。花期は早春、夏〜初冬。南アフリカ原産で、観賞用として渡来し、本州〜九州に分布。カタバミ属。

ポイント

花は紅色で直径約3cmと大ぶり、中央部は緑白色で葯は黄色。

ポイント

萼や花茎、葉柄などに腺毛が密生する。

ゲンゲ：紫雲英
Astragalus sinicus

春に開花し、緑肥として水田で栽培され、一面をピンクに染める。茎はよく枝分かれして、高さは10～30cmになる。葉は羽状複葉で葉の付け根から長い花柄を出し、紅紫色の花を輪状につける。別名レンゲソウ。紫雲英は漢名。中国原産で、本州～九州に帰化している。ゲンゲ属。

マメ科

ポイント
花は長さ約1.5cmで、7～10個が輪状につく。

ポイント
葉は羽状複葉で小葉は9～11枚。

ゲンゲは緑肥の代表
緑肥は新鮮な緑色の植物を土中にすき込んで肥料とするもので、マメ科の植物が多く使われる。根に根粒細菌が寄生して、枝分かれした小枝のような根粒をつくる。根粒はさかんに空中窒素を固定し、これが土の養分を豊かにする。年間1ha当り50～100kgの窒素が固定される。ゲンゲは、秋10月に水田に種子をまいて春にすき込む。

ナヨクサフジ：弱草藤
Vicia villosa subsp. varia

畑、草地などに生える。つる性で茎は無毛かまばらに毛がある。春から夏に葉の付け根から柄を出して、青紫〜紅紫色の花をつける。ヨーロッパ原産で毛の多いビロードクサフジとともに明治時代に牧草として輸入された。日本全土に帰化している。ソラマメ属。

大ぶりな花序(かじょ)をたくさんつける。緑肥(りょくひ)にもなる。

ポイント

花は反り返った部分より筒(つつ)の部分が長い。

ポイント

茎には長い毛がない。葉は羽状複葉で小葉は5〜12対あり、先端が巻きひげになる。

実寸はこの写真で1m近くある。

花序は長さ約10数cmで、同じ方向に花がつく。

カラスノエンドウのなかま

カラスノエンドウ：烏野豌豆
Vicia angustifolia

道ばたや畑などで春早くから、小さな紅紫色の花を咲かせるつる性の野草。葉は羽状複葉で小葉は長さ2〜3cm、葉の先は巻きひげとなる。果実が熟すと黒くなることから、カラスと名づけられた。果実は、炒め物などの食用になる。本州〜沖縄、ユーラシアの暖温帯に分布する。ソラマメ属。

マメ科

花は葉の付け根に2〜3個つく。

ポイント
小葉の先がくぼみ、中央に小さな突起がある。

ポイント
果実は長さ3〜5cm、5〜10個の種子（豆）がある。さやは無毛。初め緑だが熟すと黒くなる。

スズメノエンドウ：雀野豌豆
Vicia hirsuta

カラスノエンドウにくらべて小さいことから、スズメと名前がついた。花期は春。小葉の長さ1～1.7cm。本州～沖縄、ユーラシア、アフリカ北部の暖温帯に分布。ソラマメ属。

ポイント
小葉の先がくぼみ、中央に小さな突起がある。

ポイント
果実は長さ1cm以下で、2個の種子がある。さやに毛が生える。

ポイント
葉の付け根から出た柄の先に、3～7個の花をつける。花の旗弁には、もようはない。

カスマグサ：かす間草
Vicia tetrasperma

カラスノエンドウとスズメノエンドウの間の大きさということで、カスマと名前がついた。花期は春。小葉は長さ1.2～1.7cm。本州～沖縄、ユーラシアの暖温帯に分布。ソラマメ属。

ポイント
小葉の先はとがる。

ポイント
果実は長さ1～1.5cmで、3～6個の種子がある。さやに毛がない。

ポイント
葉の付け根から出た柄の先に、ふつう2個の花をつける。花の旗弁に、赤紫色のすじもようがある。

マメ科

ミヤコグサ：都草
Lotus corniculatus var. japonicus

道ばた、川原、海岸などに生える。京都に多かったために、名前がついたとされる。茎は横に伸びるか、ななめに立ち上がる。茎や葉にほとんど毛がない。春〜秋に葉の付け根から出した花柄の先に黄色の花をつける。別名エボシグサ。植物の染色体研究のために利用されている。日本全土、朝鮮半島、中国、台湾などに分布。ミヤコグサ属。

茎や葉にほとんど毛がない。

ポイント
茎の先に、長さ約1.5cmの花をふつう1〜3個つける。萼に軟毛がまばらにある。

ポイント
葉は5小葉だが、基部の2枚を托葉とする説もある。

シナガワハギ：品川萩
Melilotus officinalis subsp. suaveolens

道ばたや空き地などに生える。茎は直立して枝分かれし、高さ20〜150cmになる。春〜初夏、葉の付け根から柄を出して、黄色の花を穂状につける。江戸時代に東京の品川で見いだされたので、名前がついたという。ユーラシア大陸原産の帰化植物とされ、日本全土、ユーラシアに広く分布。シナガワハギ属。

シナガワハギ。白色の花のものはシロバナシナガワハギという。

小葉は先がへこむ。

ポイント
花序は長さ2〜15cm。長さ約5mmの黄色の花を多数つける。

托葉

ポイント
托葉は細長い。

シロツメクサのなかま

シロツメクサ：白詰草
Trifolium repens

道ばたや草地で見られる。茎は地をはって広がる。葉は3個の小葉からなり斑紋があるが、無斑紋、4枚以上など変異がある。初夏～夏、白～淡紅色の小さな花が球状に集まった花序をつける。江戸時代にオランダからガラス製品を輸入したとき、干した本種を箱の詰物としたので名前がついた。ヨーロッパ原産の牧草や芝草で、日本全土に帰化した。シャジクソウ属。

マメ科

クローバーの別名で親しまれている。

葉は四つ葉など変異が多い。変わった形や模様をさがすのも楽しい。

ポイント

花は白～淡紅色で、花序の柄が長い。

ムラサキツメクサ：紫詰草
Trifolium pratense

道ばたや空き地などの日当たりのよいところに生える。高さ30〜60cm。花期は初夏〜夏。別名アカツメクサ。ヨーロッパ原産で牧草として輸入され、日本全土に帰化。シャジクソウ属。

シロツメクサよりも大ぶり。

ポイント
花は紅紫色。

ポイント
花序に柄がほとんどない。

ポイント
小葉は長だ円形で先がとがり、斑紋があることが多い。

輸入された牧草

家畜の飼料となる牧草は明治時代に国の政策として輸入された。その種数はマメ科16種、イネ科36種におよんだ。ツメクサのなかまは詰草として江戸時代に渡来していたが、それが野生化して全国に広がったのではなく、何度も大量に牧草の種子が輸入されたのが原因。戦後はさらに牧草が積極的に推進され、その結果、帰化植物となった。

コメツブツメクサのなかま

コメツブツメクサ：米粒詰草
Trifolium dubium

道ばた、草地、畑のわきなどの日当たりのよいところに群生する。茎は枝分かれする。春〜夏、長さ約3mmの黄色の花が集まって球状の花序をつくる。ヨーロッパ〜西アジア原産で、1935年東京都の赤羽の荒川で見いだされた。現在は日本全土に分布する。シャジクソウ属。

マメ科

葉は3小葉

ポイント
花序の花の数は5〜20個。

ポイント
果実は枯れた花弁に包まれたまま下を向く。

名前もすがたも似すぎている
コメツブツメクサは花が小さく米粒のようだ。草全体も小さく原産地ではチビ草とか赤ん坊草という。コメツブウマゴヤシは実が小さく米粒に似る。またコウマゴヤシという草もある。いずれもヨーロッパ原産。茎が地面をはう小型の草で葉は3小葉、花はマメ科に共通する特徴がある。似た植物に似た名前がつけられ、とてもややこしい。

クスダマツメクサ：薬玉詰草
Trifolium campestre

海岸、道ばたや空き地などに生える。花期は初夏〜夏。ヨーロッパ、アフリカ、西アジア原産の帰化植物で、日本全土に分布。シャジクソウ属。

コメツブウマゴヤシ：米粒馬肥やし
Medicago lupulina

海岸、道ばたなどに生える。茎はふしたり、ななめに立ち上がり、高さ10〜60cmになる。ヨーロッパ原産で日本全土に分布。ウマゴヤシ属。

ポイント
花序の花の数は50〜60個。

ポイント
花序の花の数は20〜30個。花は旗弁の先がとがる。

ポイント
果実は枯れて丸まった旗弁に包まれる。

ポイント
果実は先の方がくるりと巻く。

ヌスビトハギのなかま

ヌスビトハギ：盗人萩
Desmodium podocarpum subsp. oxyphyllum

野山の草地、林縁などに生える。高さ30～120cm。夏～秋、茎の先端や上部の葉の付け根から花序(かじょ)を出して、淡紅色の花をつける。果実の先にかぎがあり、衣服や動物の毛につく。ヌスビトとは果実の形を盗人がこっそり歩く足に見立てた。日本全土、中国、ヒマラヤなどに分布。ヌスビトハギ属。

マメ科

小さな花がまばらにつく。

ポイント
花は長さ3～4mmで、旗弁(きべん)にはアレチヌスビトハギのようなもようはない。

ポイント
果実は2つに分かれ、先端にかぎがある。

葉は3小葉(しょうよう)からなる。

ポイント
小葉(しょうよう)は卵形。

アレチヌスビトハギ：荒れ地盗人萩
Desmodium paniculatum

道ばた、空き地などに生える。高さは30〜100cm。秋に、茎の先端や上部の葉の付け根から花序を出して、紅色の花をつける。北アメリカ原産で、本州〜九州に帰化。ヌスビトハギ属。

花はよく目立つ。

ポイント
花は長さ6〜8mmで、旗弁に黄緑色のもようがある。

ポイント
果実は3〜5つに分かれる。

ポイント
小葉は幅の狭い卵形〜長だ円形。

ヤハズソウのなかま

マメ科

マルバヤハズソウ：丸葉矢筈草
Kummerowia stipulacea

道ばたや川原などに生える。茎はよく枝分かれして、高さ15〜40cmになる。葉は3個の小葉からなり、夏〜秋、葉の付け根から数個の紅紫色の花をつける。本州〜九州、朝鮮半島、中国に分布する。ヤハズソウ属。

はうように広がるものと立ち上がるものがある。

花は長さ約5mmで、旗弁にすじもようがある。

下部の葉

ポイント
小葉は卵形で、下部の葉では小葉の先がへこむ。

ポイント
茎には上向きの毛がある。

ヤハズソウは矢筈の意味

矢筈は弓の矢の端を三角に切り込んだところで、ここに弦を当て矢を飛ばす。葉を引っ張ると、矢筈の形に切れる。大きく派手な矢羽根でなく、小さな矢筈を草の名前にしたのは、日本人の心の奥ゆかしさであろうか。

ヤハズソウ：矢筈草
Kummerowia striata

マルバヤハズソウと同じようなところに生えて、しばしば混生する。花期は夏〜秋。日本全土、朝鮮半島、中国などに分布。ヤハズソウ属。

花はマルバヤハズソウとよく似ている。

ポイント
小葉は長だ円形で先はとがる。

ポイント
茎には下向きの毛がある。

メドハギ：蓍萩
Lespedeza cuneata

川原や土手などの日当たりのよいところに生える。茎はよく枝分かれして、高さは約1m。花期は夏〜秋。日本全土、朝鮮半島、中国、ヒマラヤなどに分布。ハギ属。

花は長さ6〜7mm、白色〜淡黄色で旗弁に紅紫色のもようがある。

ポイント
葉は茎の先までびっしりとつき、花は葉の付け根に2〜4個つく。

ヤブツルアズキ：薮蔓小豆
Vigna angularis var. nipponensis

道ばたの草地などに生える。茎はつる性で、黄褐色の長毛がある。夏〜秋、葉の付け根から枝を出して、くるりとねじれた不思議な形の黄色の花を2〜10個つける。果実は線形。アズキは本種から栽培化されたとされる。本州〜九州、朝鮮半島、中国、ヒマラヤに分布。ササゲ属。

つるが密生して茂り、たくさんの花をつける。

右の翼弁

竜骨弁

ポイント

花は全体にねじれる。合わさった2個の竜骨弁が向かって左上にねじれ上がり、その上に右の翼弁がかぶさる。

葉は3個の小葉からなり、小葉が切れ込むこともある。

果実

果実は線形で長さ4〜9cm。

クズ：葛
Pueraria lobata

道ばたや空き地などに生える。茎はつる性で、基部は木質化する。夏〜秋、紅紫色の花をたくさんつける。根は太くて長く、でんぷんを大量に蓄える。これが葛粉となる。北海道〜九州、朝鮮半島、中国、フィリピン、インドネシアなどに分布。北アメリカに帰化して強害草となっている。クズ属。

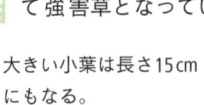

大きい小葉は長さ15cmにもなる。

花序は上を向く。

ポイント
茎には褐色の剛毛が生える。

葉は3小葉からなり、小葉が切れ込むこともある。

ポイント
旗弁に黄色のもようがある。

マメ科

ツルマメ：蔓豆
Glycine max subsp. soja

道ばた、野原などに生える。つる性で、茎に下向きの毛がある。葉は3小葉からなる。夏〜秋、葉柄の付け根に小さな花を咲かせる。ダイズの原種とされる。別名ノマメ。北海道〜九州、朝鮮半島、中国、シベリア東部に分布。ダイズ属。

ポイント
果実は長さ3〜5cm。初め緑だが熟すと黒くなる。

ポイント
小葉は長卵形。

ポイント
花は長さ0.5〜0.8cmで紅紫色。

ヤブマメ：藪豆
Amphicarpaea edgeworthii

道ばた、林縁、野原などに生える。つる性で、茎には下向きの毛がある。花期は秋。北海道〜九州、朝鮮半島、中国に分布。ヤブマメ属。

ポイント
小葉はひし形。

ポイント
花は長さ1.5〜2cmで白と濃紫色。

ヘビイチゴのなかま

ヘビイチゴ：蛇苺
Potentilla hebiichigo

道ばた、庭、田のあぜなどに生える。茎は地面をはい、節から根を出しながら広がる。葉は3小葉で黄緑色。春〜初夏、葉柄の付け根から花柄を出して、花をひとつつける。花の後、果床がふくらみ果実になる。果実はぼそぼそしてまずい。日本全土、中国〜ジャワ島に分布。キジムシロ属。

花は5弁で、直径約1.5cm。

バラ科

ポイント

果実は直径約1cm。地肌につやがなく細毛がある。

葉は明るい緑色

ヤブヘビイチゴ：藪蛇苺
Potentilla indica

林の縁など、やや暗いところに生える。ヘビイチゴより少し大型。花期は春〜初夏。花は直径約2cm。葉はヘビイチゴにくらべて濃い緑色。関東地方以西、アジア東部〜南部に分布する。キジムシロ属。

ポイント

果実は直径1.3〜2cm。地肌につやがあり無毛。

🌼 キジムシロのなかま

オヘビイチゴ：雄蛇苺
Potentilla anemonifolia

田のあぜなどの日当たりのよい、やや湿ったところに生える。茎は地をはって四方に広がり、上部は立ち上がる。高さ10〜20cm。花期は初夏〜夏。ヘビイチゴ（p.149）に似るが、枝が分かれ数個の花をつける点がちがう。また、花の後に果床がふくらまない。本州〜九州、朝鮮半島、中国、マレーシア、インドに分布。キジムシロ属。

果床（かしょう）がふくらまない。

花は5弁で直径約0.8cm。

ポイント
葉は5小葉だが、茎の上部では1〜3小葉もある。

バラ科

ミツバツチグリ：三葉土栗
Potentilla freyniana

山地や野原の日当たりのよいところに生える。地下に太い根があり、花の後、ほふく枝を出して広がる。高さ15～30cm。花期は春。本州～九州、朝鮮半島、中国などに分布する。キジムシロ属。

キジムシロ：雉蓆
Potentilla fragarioides var. major

山野に生える。地面に広がったようすをキジの座る敷物に見立てた名前。高さ5～30cm。花期は春。花は直径1～1.5cm。北海道～九州、朝鮮半島に分布する。キジムシロ属。

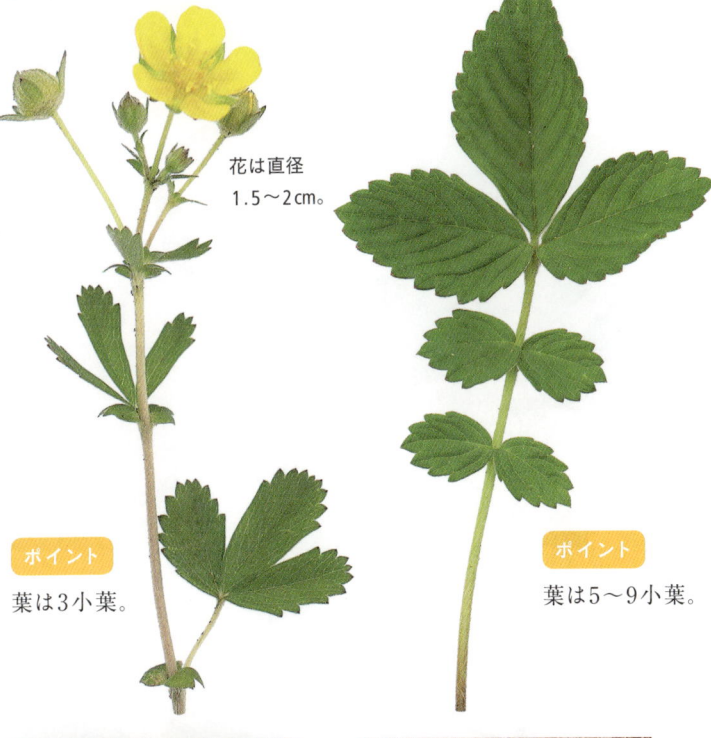

花は直径1.5～2cm。

ポイント
葉は3小葉。

ポイント
葉は5～9小葉。

バラ科

ダイコンソウ：大根草
Geum japonicum

山地の林縁などに生える。茎は直立して、高さ25〜60cmになる。夏、まばらに分かれた枝の先に黄色の5弁花をひとつずつつける。果実は集まって、球形の集合果になる。地際の葉の形を、ダイコンの葉に見立てて名前がついた。北海道〜九州、中国に分布する。ダイコンソウ属。

花は直径1.5cm。

地際の葉

ダイコンの葉に似ている。

ポイント
果実には先が曲がった雌しべが残る。

茎の上部に近い葉

ポイント
地際の葉は羽状複葉で、先端の小葉がいちばん大きい。茎の上部の葉は切れ込みがなく、下部の葉は3裂する。

茎の下部の葉

キンミズヒキ：金水引
Agrimonia pilosa var. japonica

道ばたや草地に生える。茎は直立して枝分かれし、高さ30〜80cmになる。夏、茎や枝の先に黄色の5弁花を穂状にたくさんつける。細長い花の枝をタデ科のミズヒキと対比させた名前。北海道〜九州、朝鮮半島、中国、インドシナなどに分布する。キンミズヒキ属。

ポイント
花は直径6〜11mm。穂状にたくさんつく。

ポイント
葉は5〜9個の小葉からなる羽状複葉で、小葉には大小があり、先がとがる。

ポイント
果実にはかぎ状のとげがあり、衣服や動物の毛について分布を広げる。

🟦 マンネングサのなかま

コモチマンネングサ：子持万年草
Sedum bulbiferum

道ばた、畑などに生える。茎は地面をはい、上部の茎は直立する。初夏に黄色で先のとがった5弁の花を咲かせる。種子はふつうできずに葉の付け根にできるムカゴで繁殖するので名前がついた。このなかまは多肉質の葉を持つなど、乾燥地に適した形態を持つ。東北地方南部〜沖縄、朝鮮半島、中国に分布。マンネングサ属。

ベンケイソウ科

ムカゴ

花の咲く前

マンネングサのなかまの花はふつう黄色で5弁花。よく似ている。

ポイント

葉はへら形。葉の付け根に2枚の小さな葉を持ったムカゴをつける。

メノマンネングサ：雌の万年草
Sedum uniflorum subsp. japonicum

海岸、平地の岩場などに生える。名前は葉の長さが2～3cmあるなかまのオノマンネングサより小さなことによる。花期は初夏～夏。本州～九州に分布。
マンネングサ属。

地面をはうように群生する。

ポイント
葉は円柱形で、長さ0.5～1.8cm。

ツルマンネングサ：蔓万年草
Sedum sarmentosum

川原や、人家のまわりに生える。茎はしばしば赤紫色を帯び、つる状に伸びる。花期は夏。朝鮮半島～中国原産で、古い時代に日本に渡来、北海道～九州に帰化。マンネングサ属。

ポイント
葉はひし形状長だ円形で先がとがり、長さ1.3～2.5cm。ふつう3枚が輪生。

セイヨウアブラナのなかま

セイヨウアブラナ：西洋油菜
Brassica napus

土手や草地などに群生する。茎は粉をふいたような白緑色。上部で分枝して、高さ30〜150cmになる。春に枝先に花序をつけ、黄色の花が下から咲き上がる。花の後、棒状の果実ができる。ユーラシア原産で明治初期に菜種油の採取用に輸入され、北海道〜九州に帰化。古くからあるアブラナはほとんど見られなくなった。アブラナ属。

アブラナ科

ポイント
果実は長さ5〜10cm、先端のくちばしは0.5〜2.5cm。

花は4弁で、花弁は十字形に並ぶ。

ポイント
粗い鋸歯で、葉の基部は茎を抱く。

下部の葉は羽状に切れ込む。

カラシナ：芥子菜
Brassica juncea

畑や道ばたに生え、高さ30～100cm。花期は春。別名セイヨウカラシナ。ユーラシア原産で種子から芥子をつくるために栽培されたものが帰化し、北海道～沖縄に分布。アブラナ属。

ハルザキヤマガラシ：春咲山芥子
Barbarea vulgaris

花期は秋～春。高さ20～90cm。別名フユガラシ。ヨーロッパ、西アジア、ヒマラヤ原産で、北海道～九州に帰化する。在来のヤマガラシは高地性。ヤマガラシ属。

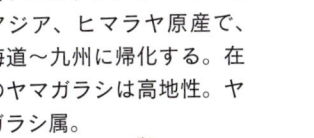

ポイント
果実は長さ3～6cm、先端のくちばしは0.6～0.9cm。

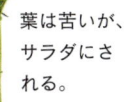

葉は苦いが、サラダにされる。

ポイント
粗い鋸歯(きょし)で、葉の基部は茎を抱かない。

ポイント
波形の鋸歯で、葉の基部は茎を抱く。

イヌガラシのなかま

イヌガラシ：犬芥子
Rorippa indica

道ばた、空き地、畑、水田などに生える。茎は直立し枝分かれして、高さ10〜50 cm。茎は暗紫色を帯びることが多い。春〜初秋、黄色の4弁の花を咲かせる。花の後、棒状の果実ができる。日本全土、朝鮮半島、中国、インドなどに分布。イヌガラシ属。

アブラナ科

ポイント
果実は細長い。
長さ1〜2cmと長い。

花の直径は5〜7mm。

上部の葉

下部の葉

ポイント
下部の葉は羽状に切れ込むが、上部の葉は切れ込みが浅い。

スカシタゴボウ :透し田牛蒡
Rorippa islandica

田などのやや湿った場所に生える。高さは 30〜100 cm。花期は春〜初夏。日本全土、北半球に広く分布する。イヌガラシ属。

根が太いスカシタゴボウ。

花の直径は3〜6mm。

ポイント
葉は下部も上部のものも羽状に切れ込む。

ポイント
果実は長さ3〜7mmと短く、ずんぐりしている。

アブラナ科

ナズナ：薺
Capsella bursa-pastoris

道ばたや畑などいろいろなところに生える。茎は直立して高さ10〜50cmになる。春〜夏、4弁が十字形に並んだ白色の花が咲く。別名ペンペングサ。ペンペンは三味線の音を表し、果実の形がバチに似ていることから。春の七草のひとつ。薺は漢名。北半球に広く分布する。ナズナ属。

ポイント
果実は三角形。

ポイント
下部の葉は羽状に切れ込み、裂片はとがる。

花は4種ともよく似ている。

マメグンバイナズナ：豆軍配薺
Lepidium virginicum

空き地や道ばたなどに生える。茎は上部で枝分かれし、高さは15〜60cm。春〜夏に咲き花はナズナに似る。北アメリカ原産。日本全土、東アジアに帰化。マメグンバイナズナ属。

ポイント
果実はまるく、相撲の軍配に似た形。

ポイント
葉は長だ円形で先がとがる。

タネツケバナ：種漬花
Cardamine flexuosa

水田や溝の縁に生える。高さは10〜30cm。花期は春〜初夏。花はナズナに似る。種もみを水につけて稲作の準備を始めるころに咲くので名前がついたという。北海道〜九州、中国などに分布。タネツケバナ属。

ポイント
果実は長さ約1〜2cmの棒状。

ポイント
小葉の縁はまるい感じ。

オランダガラシ：和蘭芥子
Nasturtium officinale

水辺や水の中に生える。茎は直立し、高さは20〜60cmになり、開花しながら伸びる。花期は春〜夏。花はナズナに似ている。別名クレソン。辛味のある葉が食用、種子が薬用にされる。ユーラシア原産で、北海道〜九州に帰化。オランダガラシ属。

ポイント
果実は長さ1〜1.5cmの棒状。

ポイント
小葉は長だ円形。

ダイコンのなかま

アブラナ科

ハマダイコン：浜大根
Raphanus sativus var. raphanistroides

海岸の砂地などに生える。ダイコンが野生化したものといわれるが、根は太くならない。高さは30〜60cmで、春〜初夏に、4弁の花をつける。日本全土、朝鮮半島南部に分布。ダイコン属。

ポイント
花弁は紅紫色〜淡紅紫色〜白色で、ダイコンの花より色が濃いものが多い。

ポイント
茎に下向きの粗い毛がある。

葉はダイコンに似ていて、羽状に切れ込む。

野菜の帰化植物

野山には、野菜に属する外来の園芸植物が逃げ出して、まだ年月が浅いと思われる帰化植物もある。ダイコンはそのひとつ。皇居の中やお壕の土手で、群落となって花を咲かせるのは興味深い。ジャガイモやサトイモの野生化した株も、畑の周囲やごみ捨て場などで見られる。大昔に野生化したハマダイコンに対し、最近野生化したダイコンは"ノダイコン"という新しい名前で呼ぶのがよいかもしれない。

ダイコン：大根
Raphanus sativus

栽培されているダイコンが逃げ出して野生化したもの。日本各地で散発的に見いだされる。ダイコン属。

ポイント

花弁は白色や淡紅紫色で、ハマダイコンより淡い。

野生化したダイコンは、売り物のような立派な根にならない。

ショカツサイ：諸葛菜
Orychophragmus violaceus

道ばたや土手などに生える。高さは20～50cmになる。春に、4弁の花を咲かせる。果実は長さ約10cm。別名ハナダイコン、オオアラセイトウ。中国原産で、江戸時代に観賞用に栽培された。戦時中に種子を持ち帰り広めたものが本州～九州に帰化。諸葛菜は漢名。ショカツサイ属。

上部の葉

ポイント

花弁は淡紫色～紅紫色。

ポイント

上部の葉は茎を抱く。

カキネガラシのなかま

カキネガラシ：垣根芥子
Sisymbrium officinale

道ばたや空き地などに生える。茎は直立してよく枝分かれし、高さ40〜80cmになる。分かれた枝は横に広がる。全体に短くて硬い毛がある。春〜夏、枝の先に花の穂をつけ、黄色の花を咲かせる。下部の葉は羽状に切れ込み、上部の葉は小さくて深く切れ込む。ヨーロッパ原産で、北海道〜九州に帰化。キバナハタザオ属。

アブラナ科

ポイント
果実は長さ約1〜1.5cmと短く、花序の軸にはりつく。

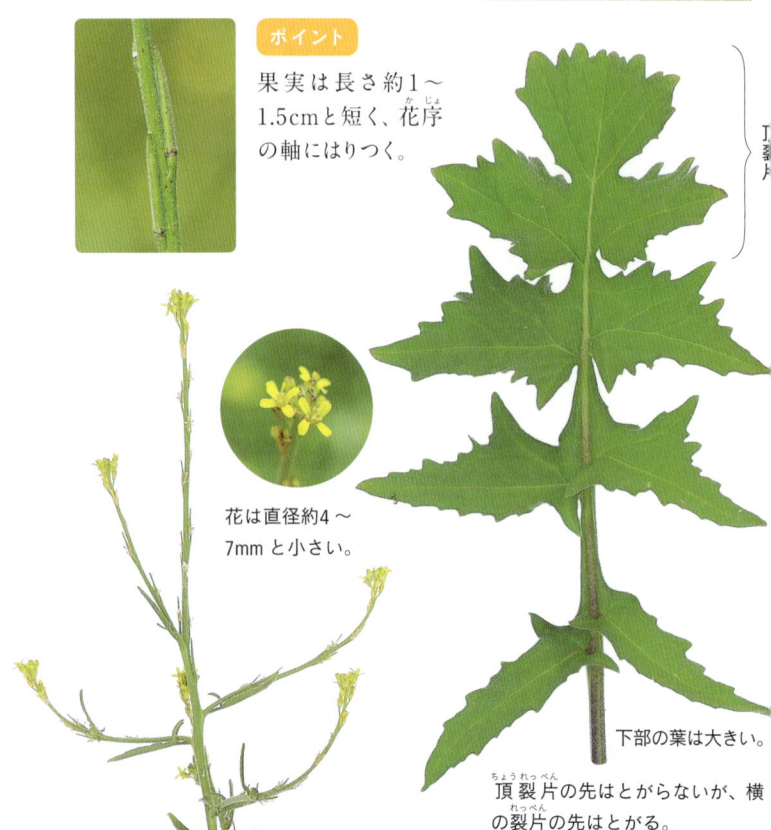

花は直径約4〜7mmと小さい。

頂裂片

下部の葉は大きい。

頂裂片の先はとがらないが、横の裂片の先はとがる。

イヌカキネガラシ：犬垣根芥子
Sisymbrium orientale

道ばたや空き地などに生える。茎に、横に開いた白い毛がある。春〜夏、枝の先に花の穂をつけ、黄色の花を下から咲かせる。ヨーロッパ原産で、日本全土に帰化。キバナハタザオ属。

ポイント
果実は長さ7〜10cmと長く、横に開く。

花は直径約1cmで、カキネガラシより大きい。

花が咲いた後のイヌカキネガラシ。

下部の葉

頂裂片は、ほこ形〜長だ円形。

ナガミヒナゲシ：長実雛罌粟
Papaver dubium

道ばたや空き地などに群生する。茎は直立して、高さ10～60cmになる。春～初夏、茎の先に4弁の朱赤色の花を咲かせ、よく目立つ。ケシのなかまだが麻薬の成分はない。地中海沿岸原産の帰化植物で、東北～九州の各地に急速に分布を広げ、新しい雑草として定着しつつある。ケシ属。

ケシ科

ポイント
葉は1～2回羽状(うじょう)に深く切れ込む。

ポイント
果実が熟すと、すき間から種子がこぼれる。

花は直径3～6cm。枯れる前の花は花弁に軽くさわっただけでも落ちる。

タケニグサ :竹似草
Macleaya cordata

荒れ地や道ばたなどの日当たりのよいところに生える異国風の植物。茎は直立して、高さは1〜2mになる。夏、茎の先に円錐状の花序を出して、小さくて白色の地味な花をつける。茎が中空でタケに似るから名前がついたという説もある。茎や葉を切ると黄色い液が出るが、強い毒性がある。本州〜九州、中国に分布。タケニグサ属。

街中でも雑草化している。背が高いので目立つ。

ポイント
花弁がなく、糸状の花弁のようなものは雄しべ。果実は平たい。

下部の葉は長さ40cmにもなる。

毒がある黄色い液が出る。

ポイント
葉は幅の広い卵形で掌状に中裂し、裏面は白い。

裏側

クサノオウ：草の黄
Chelidonium majus var. asiaticum

草地や荒れ地などの日当たりのよいところに生える。高さは30〜80cm。春〜夏、茎の上部の葉の付け根から出た柄に、数個の黄色の花をつける。茎や葉を切ると黄色の液が出るので草の黄とか、液は丹毒に効くので瘡の王とかの説がある。液には毒性があり、肌に触れると危険。北海道〜九州、東アジアの温帯に分布。クサノオウ属。

強い毒があるが、薬にもなる。

ポイント
茎は中空で、切ると出る黄色の液はしばらくすると橙色になる。

ポイント
花は4弁で、中心のくねるように曲がったものは雌しべ。

葉は1〜2回羽状に切れ込み、裂片の先はまるっこい。

果実は細長く、ひょろりと上を向く。

ケシ科

ムラサキケマン :紫華鬘
Corydalis incisa

野山の林縁などに生える。茎は直立して、高さ20〜50cmになる。春、茎の先に紅紫色の花（ときに白色もある）をたくさんつける。花は長さ1.2〜1.8cm、花弁は4個で細長い。有毒で誤食した人がケイレン死した例もある。日本全土、中国に分布。キケマン属。

密生した群落をつくり、たくさんの花が目立つ。

花柄の付け根にある苞は深く切れこむ。

ポイント
葉は2〜3回羽状に裂け、裂片の先はとがる。

葉はやわらかくて毛がない。

ポイント
花弁は上下に分かれ、上の花弁の後ろは突き出して距になる。

果実はさわるとバチバチと音を立ててはじける。

タガラシのなかま

タガラシ：田辛し
Ranunculus sceleratus

田や小川などの水の中や縁に生える。茎は直立して枝分れし、高さ25～60cmになる。春、茎の上部に、黄色の5弁花をつける。タガラシやキツネノボタンは花弁に光沢があるのが特徴。アルカロイドの一種の有毒成分を含む。日本全土、北半球の亜熱帯～温帯に広く分布する。キンポウゲ属。

キンポウゲ科

花の後、花床は果実の集まった集合果になる。

タガラシのなかまはすべて有毒。

ポイント
花は直径約1cmで、中央の丸い花床が目立つ。

上部の葉

下部の葉

ポイント
葉には光沢がある。上部の葉は深く3裂。下部の葉は長い葉柄があって葉身は3～5裂する。

キツネノボタン：狐の牡丹
Ranunculus silerifolius

田や小川の縁などやや湿ったところに生える。高さは30～50cm。花期は春～夏。茎は無毛だが、毛があることもある。日本全土、台湾に分布。キンポウゲ属。

ポイント
果実の先のかぎは強く曲がる。

ポイント
裂片の縁は多少まるみがある。

ケキツネノボタン：毛狐の牡丹
Ranunculus cantoniensis

田や小川の縁などやや湿ったところに生える。高さは30～50cm。花期は早春～夏。茎や葉柄に毛が多い。本州～沖縄に分布。キンポウゲ属。

ポイント
かぎの曲がりは弱い。

花は約1cm。キツネノボタンと似ている。

葉は3裂し裂片はさらに裂ける。

ポイント
裂片の縁はとがる。

アオゲイトウのなかま

ホソアオゲイトウ：細青鶏頭
Amaranthus hybridus

道ばたや荒れ地などに生える。茎は直立してよく枝分かれし、高さ1〜2mになる。夏〜秋、茎の上部に、目立たない黄緑色をした小さな花が密生した細長い花穂をつける。熱帯アメリカ原産で、日本全土に帰化している。ヒユ属。

ヒユ科

ポイント
雄しべはふつう5個。とがった苞が目立つので、花穂はとげとげした感じ。

ポイント
葉はひし形で先がとがる。葉柄や葉脈が赤みを帯びることが多い。

葉脈

アオゲイトウ：青鶏頭
Amaranthus retroflexus

ホソアオゲイトウに似ているが、茎の先の花穂(かすい)はホソアオゲイトウほど長くない。道ばたや畑などに生える。高さ0.5〜1m。花期は夏〜秋。北アメリカ原産で、日本全土に帰化。ヒユ属。

ポイント
雄しべはふつう5個。花にとがった苞が目立つ。

ポイント
葉はひし形で先はあまりとがらない。

みずみずしい若葉は食用になる。

すがたが変わるホソアオゲイトウ

ホソアオゲイトウは日本に帰化して、アオゲイトウともホナガアオゲイトウとも雑種をつくる。雑種は両親の中間的なすがたになることが多いので、野外で3種を区別するのが難しくなる。また、大きな株は茎の高さが2mになるが、乾燥した岩場などでは5cmで開花する。本当のすがたを見極めるのが難しい植物といえる。

アオビユ：青莧
Amaranthus viridis

道ばたや畑などに生える。茎は直立して枝分かれし、高さ約80 cmになる。夏〜秋、葉の付け根や茎の上部に、目立たない黄緑色をした小さな花がやや密生した花穂をつける。別名ホナガイヌビユ。葉は食用になる。南アメリカ原産で、日本全土に帰化。ヒユ属。

ヒユ科

ポイント 雄しべはふつう3個。苞が見えないので、花穂はとげとげした感じがない。

ポイント 花穂は細長い。

ポイント 葉は卵形〜おむすび形で、先はまるいか少しへこむ。暗紫色のもようがあることもある。

イヌビユ：犬莧
Amaranthus lividus var. ascendens

道ばたや畑などに生える。高さは約70cm。花期は夏〜秋。葉は食用になる。原産地は不明で、江戸時代に渡来し、日本全土に帰化した。
ヒユ属。

ポイント
雄しべはふつう3個。苞が見えないので、花穂はとげとげした感じがない。

ポイント
花穂はずんぐりした円錐形で、花は密生する。

ポイント
葉の先は大きくへこむ。アオビユ同様に暗紫色のもようがあることもある。

シロザのなかま

シロザ:白藜／灰菜
Chenopodium album

上部の若葉が白い粉で覆われる。空き地や道ばたなどに生える。高さ60〜120cmになる。秋、葉の付け根や枝の先に、黄緑色の地味な花をかためてつける。よく似た種にアカザ（藜 Chenopodium centrorubrum）がある。シロザ、アカザともに若葉や果実は食用になる。日本全土に分布。アカザ属。

ヒユ科

花は花弁がなく、萼が5裂する。

ポイント

下部の葉は幅広い。大小の粗い鋸歯がある。

アカザ。赤いのは粉なので、こすると取れる。シロザも同じ。

コアカザ：小藜
Chenopodium serotinum

空き地や道ばたなどに生える。茎は直立して高さは20〜60cmで葉は細長く、長さ2〜5cm、幅1〜3cmで浅く3裂(れつ)する。シロザより早く、地味な花がかたまってつく。花期は夏。若葉は白い粉でおおわれる。ユーラシア原産。文献的史料が存在する前に渡来した古い帰化植物で、日本全土に分布する。アカザ属。

花はシロザによく似る。

ポイント

葉は幅がせまい。波状の鋸歯がある。

アリタソウのなかま

アリタソウ：有田草
Chenopodium ambrosioides

道ばたや空き地などに生える。茎は直立して枝分かれし、高さ30～80cmになる。夏～秋、葉の付け根に、黄緑色の目立たない花をつける。花には両性花と雌花がある。全草に強い臭いがあり、駆虫薬の原料として利用される。メキシコ原産で、本州～九州に帰化。アカザ属。

両性花

白い葯を出しているのが両性花。雌花は柱頭だけを出す。

茎や葉に毛があるものもある。

手で葉をもむと臭いがうつる。

ポイント
葉には粗い鋸歯がある。

ゴウシュウアリタソウ：豪州有田草
Chenopodium pumilio

畑や空き地などに生える。茎は枝分かれして、地面をはうように広がる。高さ15〜40cm。夏、葉の付け根にふつう緑色の目立たない花をかためてつける。茎や葉には強い臭いがある。オーストラリア原産で、北海道〜四国に帰化。アカザ属。

切れ込みがあまりないこともある。

花は赤みを帯びることもある。

萼(がく)、葉柄(ようへい)、茎などに毛が多い。

ポイント
葉には大きな波状の切れ込みがある。

駆虫薬(くちゅうやく)のアリタソウ

アリタソウの名は、佐賀県の有田で栽培されたからという説がある。江戸時代に渡来して薬用植物として栽培され、大正時代に野生化した。駆虫といえば、人の腸の中の寄生虫を駆除したり野外の害虫を駆除することだが、アリタソウは猛烈な臭気があって人間には使えない。とくになかまのアメリカアリタソウの駆虫作用は強力である。

イノコヅチのなかま

ヒナタイノコヅチ：日向猪子槌
Achyranthes bidentata var. *tomentosa*

道ばたなどの日当たりのよいところに生える。高さは50〜100cm。夏〜秋、細長い花序を出し、たくさんの花をつける。花の後、果実は下向きに密着。果実にはとがった小苞があり、衣服や動物の毛につく。葉は厚く、色が薄い。本州〜九州、中国に分布。イノコヅチ属。

日なたに生える。ヒカゲイノコヅチととてもよく似ている。

花被片は5裂する。

ポイント
花序の枝に毛が密生。

ヒカゲイノコヅチ：日陰猪子槌
Achyranthes bidentata var. *japonica*

ヒナタイノコヅチに似ているが、山野のやぶの縁や木陰など日陰に生える。葉は薄く、色が濃い。別名イノコヅチ。本州〜九州に分布。イノコヅチ属。

ポイント
花序の枝の毛は少ない。

ヒユ科

ドクダミ :蕺草
Houttuynia cordata

全体に臭みがある。日陰に群生し、高さ30〜50cmになる。花期は初夏〜夏。花は小さく多数集まって円柱状の花穂となる。花弁のように見える白色のものは総苞片で、4個ある。利尿や消炎などの民間薬として利用される。本州〜沖縄、中国、ヒマラヤ、東南アジアに分布。ドクダミ属。

ドクダミ科

1つの花は、先が3裂した雌しべ1個と3〜8個の雄しべがある。

雄しべ　雌しべ

特有の香りをもち、さわっただけでも匂う。

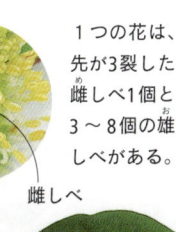

ポイント
葉はハート形で、裏面は紫色を帯びる。

ドクダミのサラダ

ドクダミの茎や葉には強い臭気がある。アルデヒドという二日酔いの頭痛の元になる物質だ。地中を長く伸びる白い根茎には澱粉があって、日本では食料難のときに茹でて食べたという。しかし、中国や東南アジアでは、現在も根茎を生のままでサラダにする。意外に臭気は気にならない。日本のものと別種なのかもしれない。

ナデシコ科

ツメクサ：爪草
Sagina japonica

道ばたや庭などに生える。茎は枝分かれして株状になる。高さ2〜20cm。早春〜夏、上部の葉のわきにひとつずつ白色の5弁花を咲かせる。葉が鳥の爪に似ているのでツメクサ。日本全土、中国、朝鮮半島、チベット、ヒマラヤなどアジアに広く分布。ツメクサ属。

花は小さく直径3〜4mm。

ポイント

葉は対生し、針状でやや厚く、深緑色でつやがある。

ポイント

花弁は裂けない。花柱は5個。

ノミノツヅリ：蚤の綴り
Arenaria serpyllifolia

道ばたや畑などに生える。細い茎は枝分かれし、高さ5〜25cm。春に白色の5弁花が咲く。綴りとはつぎ合わせのこと。葉をノミのつぎ合わせの衣に見立てたといわれている。ユーラシア原産で、世界中に帰化。よく似たノミノフスマはP.185。ノミノツヅリ属。

ポイント

花弁は裂けない。花柱は3個。花は直径4mm。

ポイント

葉は、だ円形〜長だ円形で葉柄はない。

✽ ミミナグサのなかま

オランダミミナグサ：和蘭耳菜草
Cerastium glomeratum

道ばたや空き地などに生える。高さ10〜30cm。全体に軟毛と腺毛がある。春、茎の先に、白色の5弁花を数個咲かせる。耳菜草とは、葉をネズミの耳に見立てた名前。ヨーロッパ原産で日本全土に帰化した。ミミナグサ属。

ミミナグサ：耳菜草
Cerastium holosteoides var. hallaisanense

道ばたなどに生えるが、オランダミミナグサほど多くない。茎は暗紫色を帯びる。全体に短毛があり、茎の上部では腺毛がまじる。花期は初夏。日本全土、中国、インドなどに分布。ミミナグサ属。

ポイント
花弁の先が浅く2裂。花柄が萼片より短い。

ポイント
茎は淡緑色で多少赤紫を帯びる。

毛が多くさわるとふわふわする。

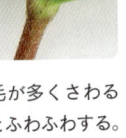

茎は暗紫色であることが多い。

ポイント
花弁の先が浅く2裂。花柄が萼片より長い。

✻ ハコベのなかま

ナデシコ科

ハコベ：繁縷
Stellaria media

道ばた、空き地、畑などに生える。全体にやわらかく茎の片側に軟毛がある。花期は春〜秋。花弁は深く2裂して、10弁のように見える。別名コハコベ。繁縷は漢名。旧大陸原産で日本全土に帰化する。ハコベ属。

ミドリハコベ：緑繁縷
Stellaria neglecta

ハコベと同じようなところに生える。別名ヒヨコグサで、鳥や小動物の餌にする。日本全土、ヨーロッパ、アジア、アフリカの温帯・亜熱帯に広く分布。ハコベ属。

全体にハコベより大型。

英名は chickweed でニワトリの草という意味。

ポイント
花柱は3個で、雄しべは1〜7個。

ポイント
花柱は3個で、雄しべは5〜10個。

ノミノフスマ：蚤の衾
Stellaria alsine var. undulata

野原や畑などに生える。花期は春〜秋。ノミノツヅリに似ているが、花弁が深く2裂する。日本全土、朝鮮半島、中国などに分布。ハコベ属。

衾とはふとんのことで、葉をノミのふとんに見立てた。

ポイント
全体に無毛。

ポイント
花弁は2裂、花柱は5個。

ウシハコベ：牛繁縷
Stellaria aquaticum

山野に生える。茎は斜めに立ち上がり高さ20〜50cm。花期は春〜秋。ユーラシア、北アフリカ、日本全土に分布。ハコベ属。

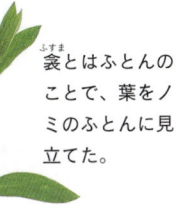

ポイント
上部の葉は葉柄がない。

ポイント
花弁は2裂、花柱は5個。

シロバナマンテマのなかま

シロバナマンテマ
Silene gallica var. gallica

空き地、埋立地などの荒れ地に生える。高さ30〜50cmで、茎には粗い毛が多い。春、花序の枝の同じ方向に、直径6〜10mmの5弁花をつける。英語名は"小さな花のムシトリナデシコ"。ヨーロッパ原産。江戸時代に渡来し、北海道〜九州に帰化している。マンテマ属。

花は直径約8mmで、白色や淡紅色がある。

ポイント
葉は対生。上部では広い線形。下部ではへら形。

花序

マンテマ
Silene gallica var. quinquevulnera

海岸近くに多く生える。全体に毛と腺毛が多い。花期は初夏。花弁に紅紫色の斑紋がある。ヨーロッパ原産で、福島・新潟県以南〜九州に帰化する。マンテマ属。

ムシトリナデシコ：虫取り撫子
Silene armeria

空き地や河川敷に生える。高さは20〜50 cmで、全体に粉をふいたように白色を帯びる。茎の節の下部に、薄茶色の粘液の帯がある。春、紅紫色の5弁花をつける。ヨーロッパ原産で、北海道〜九州に帰化。マンテマ属。

粘液の帯に虫がくっつくことからムシトリナデシコという名前がついた。

ポイント
茎の節の下部に粘液の帯（←）がある。葉は対生し、基部が大きく張り出して茎を抱く。

ポイント
花弁の付け根の星形の鱗片が目立つ。

スベリヒユ：滑り莧
Portulaca oleracea

畑や道ばたなどの日当たりのよいところに生える。茎は枝分かれして、地面をはうように広がる。夏〜初秋、枝の先の葉の付け根に、黄色の花を数個つける。葉や茎は食用になり、茹でるとぬめりが出るので名前がついた。日本全土に分布。スベリヒユ属。

ポイント
果実が熟すと上部がふたのように取れて種子がこぼれる。

花弁はふつう5個。雄しべにふれると動く。

ポイント
茎は赤褐色を帯び、葉は長だ円形で多肉質。

スベリヒユと錬金術
スベリヒユの葉から水銀を採る術が江戸時代の書物にあった。エンジュという木の木槌で葉を砕いて干すという。スベリヒユの葉は厚く表面はピカピカ光り、裏からみると内部が白く見えるので水銀がありそうな感じがする。6kgの葉から150gの水銀が採れるという。しかし話はうそで、西洋の錬金術と同じく成功しなかった。

ハゼラン：爆蘭
Talinum triangulare

人家のまわりに多く、塀と道の隙間、敷石の間などに生え、高さ30～80cmになる。上部で枝分かれして、夏～秋に紅色の直径約7mmの花をまばらにつける。花は午後3～4時に開花するので、サンジソウとかヨジソウなどとも呼ばれる。熱帯アメリカ原産で、観賞用のものが、本州～沖縄に帰化。ハゼラン属。

ハゼラン科

街中でよく見かけるようになった。

果実は球形でつやがある。

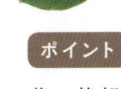

花は5弁花。

ポイント

茎の基部の葉は卵形で多肉質。先のほうがまるくなる。

ヨウシュヤマゴボウのなかま

ヤマゴボウ科

ヨウシュヤマゴボウ：洋種山牛蒡
Phytolacca americana

道ばたや空き地などに生える。茎は紅色を帯び、直立して高さ0.7～2.5 mになる。夏、白色の花を房のようにたくさんつける。全草有毒で、特に果実と根の毒が強い。北アメリカ原産で、日本全土に帰化。ヤマゴボウ属。

ポイント
花は直径約5mm。花弁ではなく萼片が5個。雄しべの葯は白色。

ポイント
花の後、花序は垂れ下がる。果実は緑色から黒色に熟し、つぶすと紅紫色の汁が出る。

ヤマゴボウ：山牛蒡
Phytolacca esculenta

山地の林縁などに生える。高さは1～1.7m。花期は初夏～秋。根を薬用に利用する。中国原産と考えられ、北海道～九州に分布。ヤマゴボウの漬物はモリアザミの根で、本種ではない。ヤマゴボウ属。

ポイント
花序は立ち上がり、雄しべの葯は淡紅色。

ミチヤナギ：道柳
Polygonum aviculare

道ばたや空き地などに生える。茎はななめに立ち上がり、高さ10～40cmになるか地面をはう。葉は長さ1.5～3cm。初夏～秋、葉の付け根に小さな花が1～5個つく。葉が大きく、長さ2～4cmある変種のオオミチヤナギとともに、日本全土に分布する。ミチヤナギ属。

花は花弁はなく、萼が5裂し、裂片の縁は白色。

タデ科

葉は長だ円形～卵形で互生する。

ポイント
托葉鞘は膜質で基部は淡紅色を帯び、先が深く2裂する。

タデ科の学名問題

タデ科は世界に約1000種もあり、従来約300種はミチヤナギ属に分類されてきた。一方、この属を細分して、イヌタデやイタドリを別属とする分類方法もあり、本書はこちらを採用している。しかし、研究者の間での合意はまだない。学問の先端では、議論がくり返されているのが現状である。

ギシギシのなかま

タデ科

ギシギシ：羊蹄
Rumex japonicus

道ばたや野原のやや湿ったところに生える。茎は高さ40〜100cmになる。夏、茎の上部の節に輪状に花がつき、円錐形の花序となる。花は6個の萼だけがあり、それらが2列に並ぶ。内側の3個は花の後つばさ状になり、中央部がこぶ状にふくらむ。羊蹄は漢名。日本全土、朝鮮半島、中国、千島、樺太に分布。ギシギシ属。

茎の節に輪状についた果実。

拡大した果実

翼

ポイント

翼には低い鋸歯がある。

葉には柄があり、葉身は波打つ。

エゾノギシギシ :蝦夷の羊蹄
Rumex obtusifolius

野原や林に生える。高さは50〜130 cm。花期は初夏〜夏。北海道に帰化したので命名された。ヨーロッパ原産で北海道〜九州、北半球に広く帰化。ギシギシ属。

ポイント
翼にはとげ状の鋸歯がある。

ナガバギシギシ :長葉羊蹄
Rumex crispus

道ばたや野原に生える。高さは80〜150 cm。花期は春〜夏。ギシギシに似るが、より葉が波打つ。ユーラシア原産で、日本全土に帰化。ギシギシ属。

ポイント
翼には鋸歯はほとんどない。

アレチギシギシ :荒れ地羊蹄
Rumex conglomeratus

荒れ地に生える。高さは30〜100 cm。花はややまばらにつく。花期は初夏〜夏。ヨーロッパ原産で、ユーラシアに広く帰化し、日本全土に分布する。ギシギシ属。

ポイント
こぶ状のふくらみが大きく、翼が小さい。

スイバのなかま

スイバ：酸い葉
Rumex acetosa

野原の草地や土手、田のあぜなどに生える。茎は直立して、高さ30〜100cmになる。初夏〜夏、茎の上部に目立たない花をたくさんつける。雌雄異株で黄色っぽい花をつけるのが雄株（下の写真）、淡紅紫色の花をつけるのが雌株。葉や茎にシュウ酸を含み、噛むと酸っぱいので名前がついた。別名スカンポ。若葉は食用。北海道〜九州に分布。ギシギシ属。

雌花の房状のものは柱頭。果実の翼状のものは内萼片が大きくなったもの。

成熟した果実

茎を抱く。

長い柄

ポイント

下部の葉は長い柄があり、矢じり形。上部の葉は短い柄があるか無柄で、基部は茎を抱く。

ヒメスイバ：姫酸い葉
Rumex acetosella

道ばたや空き地などに生える。高さは20〜50cmでスイバより小さい。花期は初夏〜夏。雌雄異株。ユーラシア原産で、北海道〜沖縄に帰化する。ギシギシ属。

花の後、スイバのように内萼片が翼状にならない。

雌花

雄花

ポイント

葉はほこ形で、葉身の基部が耳状に大きく張り出す。

イタドリ：虎杖
Fallopia japonica

野原や土手などの日当たりのよいところに群生する。高さは30〜150cm。夏〜秋、葉の付け根から出した枝に白〜紅色の花をぎっしりつける。虎杖は漢名。若い茎は食用になり、根茎は漢方薬になる。北海道〜奄美諸島、中国などに分布。ヨーロッパやアメリカでは本種が帰化し、強害草となっている。北海道などには大型のオオイタドリがある。ソバカズラ属。

タデ科

花被片は5裂した萼片。

雄花

雌花

雌花は花の後、萼に包まれた果実となる。

ポイント

葉は卵形〜幅の広い卵形で、葉身の基部は切れたようにまっすぐ。

ミズヒキ：水引
Persicaria filiformis

林ややぶの縁など、やや暗いところに生える。茎は高さ40〜80cmになる。夏〜秋、枝分かれした茎の先に紅色の小さな花をまばらにつける。葉は互生し、幅の広いだ円形で黒い斑紋があることが多い。日本全土、朝鮮半島、中国、インドシナ、ヒマラヤなどに分布する。イヌタデ属。

ポイント
上の3個が紅色で下の1個は色が薄い。

果実。長い花柱が残って下を向く。

ポイント
葉は全縁で、長さ5〜15cm、幅4〜9cm。斑紋があるが、ないこともある。

日かげを好む。

漢名のタネ明かし

イタドリを虎杖と書くのは、中国の漢字名を借りて日本名で読ませるからで、理由はない。江戸時代に渡来した中国の『本草綱目』に植物を当てた結果である。ほかにも薺（ナズナ）、独活（ウド）、羊蹄（ギシギシ）、蒲公英（タンポポ）などがある。中国では異なる発音の漢名を日本名で読もうとするのは、現代の常識では奇異な感じがする。科学的には植物名はカタカナで書くのが基本だ。

🌿 ミゾソバのなかま

ミゾソバ：溝蕎麦
Persicaria thunbergii

水辺や湿地に群生する。上部は直立し、高さ30〜100cm。花期は夏〜秋。花は萼のみで、萼は5裂する。別名ウシノヒタイ。北海道〜九州、アジア東北部に分布。イヌタデ属。

萼(がく)の先は紅色。

ポイント
葉に斑紋(はんもん)が入ることがある。

別名ウシノヒタイは、葉の形をウシの顔に見立てたことによる。

アキノウナギツカミ：秋の鰻攫
Persicaria sieboldi

水辺や湿地に多い。茎には下向きのとげがあり、ウナギでもつかめるということから名前がついた。花期は夏〜秋。北海道〜九州、シベリア、中国などに分布。イヌタデ属。

花は枝先に数個ずつつき、萼の先は紅色。

ポイント
葉は細長く、基部(きぶ)は矢じり形に張り出して茎を抱く。

高さ60cm〜1m。

タデ科

ママコノシリヌグイ：継子の尻拭
Persicaria senticosa

道ばたや林縁などに生える。茎や葉に下向きのとげがあり、このとげで継子の尻を拭っていじめるというすごい名前。花期は春〜秋。日本全土、中国などに分布。イヌタデ属。

イシミカワ：石見川
Persicaria perfoliata

川原、道ばた、田のあぜなどに生える。茎や葉に下向きのとげがある。花期は夏〜秋。花は緑色で地味だが、果実が目立つ。日本全土、アジアに広く分布。イヌタデ属。

花は枝先に10数個ずつつく。

花はあまり開かない。

ポイント
托葉鞘の上部は腎円形で葉状。

つる性で全草は長さ1〜2m。

高さ約1m。

青く熟した果実。

ポイント
葉は三角形。

ポイント
葉身は三角形で、葉柄は葉身の内部につく。托葉鞘の上部はまるくて葉状。

イヌタデのなかま

イヌタデ：犬蓼
Persicaria longiseta

道ばたや野原に生える。高さは20～50cm。夏～秋、花の柄にやや色の濃い淡紅色の花を密につける。葉は長だ円形で先がとがる。黒い斑紋(はんもん)が入ることもある。和名は薬味に利用するホンタデとちがって葉が辛くないことによる。別名アカマンマ。北海道～沖縄、中国、朝鮮半島、ヒマラヤなどに分布。イヌタデ属。

アカマンマと呼ばれ親しまれている。花をままごとの赤飯に見立てた。

ポイント
托葉鞘(たくようしょう)は筒型(つつ)で毛がある。

花穂(かすい)は長さ1～5cmで先は垂れない。

紅葉することもある。

オオイヌタデ：大犬蓼
Persicaria lapathifolia

道ばたや川原などに生える。高さは2mをこえることも。花期は夏〜秋。花は薄い淡紅色〜白色。北海道〜九州、北半球に分布。イヌタデ属。

ポイント
花穂(かすい)は長さ3〜10cmで先が垂れる。

ポイント
茎の節はふくれる。托葉鞘に長毛はない。

上部の茎。実寸はイヌタデよりもずっと大型。

オオケタデ：大毛蓼
Persicaria orientalis

畑のわき、人家のまわりに生える。観賞用に栽培もされる。高さは2m近くになる。花期は夏〜秋。花は淡紅色〜紅色、または白色。インド、ヒマラヤ、中国、朝鮮半島、フィリピン、インドネシアなどに分布。イヌタデ属。

ポイント
全体に毛が多く、葉は卵形で長さ10〜25cmある。

ヒメツルソバのなかま

タデ科

ヒメツルソバ：姫蔓蕎麦
Persicaria capitata

人家のまわりの庭、石垣などに生える。茎は地をはい、枝分かれして広がる。茎と葉には赤褐色の毛が密生。茎の先に小さな花が集まった球状の花序を数個つける。花期はほぼ一年中。中国南部〜ヒマラヤ原産。観賞用に栽培されていたものが本州〜沖縄に帰化。急速に分布を広げている。イヌタデ属。

ポイント
花序は長さ0.8〜1.2cmで、白色〜淡紅紫色。

茎や葉脈は赤紫色を帯びる。

ポイント
葉にはV字の暗緑色〜暗紫色のもようがある。

密生して大株になる。

増加する中国の植物

ツルソバとヒメツルソバは長江以南の中国に広く分布する。ツルソバは在来種とされるが、本当は帰化種。昭和15年頃は四国以南の海岸に知られるのみだったが、昭和58年頃になると伊豆半島南部の海岸でも見つかった。今は関東南部以南に多く広がる。ヒメツルソバは園芸植物だったが、昭和50年頃から急に野生化して関東から沖縄にまで広がった。日本で増加する中国の植物のひとつだ。

ツルソバ：蔓蕎麦
Persicaria chinensis

海岸に生える。茎は地をはって広がるか、ななめに立ち上がる。花期は初夏〜初冬。伊豆半島以西、朝鮮半島南部、中国、マレーシア、ヒマラヤなどに分布。イヌタデ属。

密な群落をつくって生える。

花は白色〜淡紫色で、枝先に多数つく。雄しべも紫色を帯びる。

花の後、黒い果実をつける。

ポイント
茎は立ち上がり、葉は卵形〜幅の広い長だ円形で葉柄がある。

ポイント
托葉鞘は筒形の膜質で、先はななめに切れる。

カラムシのなかま

カラムシ：茎蒸
Boehmeria nivea var. concolor

畑や田のわき、道ばたなどに生える。茎は直立して、高さ1〜1.5m。雌雄同株で、夏〜秋、下部の葉の付け根から雄の花序、上部の葉の付け根から雌の花序を出す。カラ（幹＝茎）を蒸して、繊維を取ったので名前がついた。別名クサマオ。本州〜沖縄、アジア東部〜南部に分布。カラムシ属。

上が雌花序で下が雄花序。

雌花はいくつか集まって球状になる。

雄花は4花被片。

ポイント
葉は互生し、縁にそろった細い鋸歯がある。葉の裏は白い綿毛が密生することが多い。

カタバヤブマオ：片葉薮苧麻
Boehmeria dura

山野の林内や林縁などに生える。高さ1〜2m。花期は夏〜秋。雌の花序は花が密生して太く見える。成熟した株の葉の先は3裂することがある。ラセイタソウとメヤブマオの雑種から起源したと推定されている。北海道〜九州、中国に分布。カラムシ属。

花は雌雄同株。

ポイント
葉は対生し、粗い鋸歯がある。葉の裏の主脈には粗い毛があるが綿毛はない。

よく似たヤブマオの葉の縁は、もっとはっきりした粗い重鋸歯になる。

カラムシの繊維

カラムシの茎の繊維は戦時中に布を織る繊維として利用されたという。本当は茎や葉に粗い毛が多いナンバンカラムシというよく似た種だったが、今は帰化植物としてまれになった。カラムシは繊維を水洗いして雪の上でさらすと上質の繊維がとれる。武将の上杉謙信は越後上布で軍資金を得た。周辺にはカラムシが多いという訳である。

カナムグラ : 鉄葎
Humulus scandens

道ばたや荒れ地に生えるつる植物。茎や葉柄に下向きのとげが生え、物にからまって広がる。雌雄異株で、花期は秋。雄花は円錐状の花序にまばらにつき、雌花は下を向いた穂状の花序にかたまってつく。北海道〜九州、中国に分布。カラハナソウ属。

アサ科

雄花の花被はふつう4個で、雄しべは大きな葯をもつ。

雌花には、先のとがった濃紫色のもようがある苞がある。

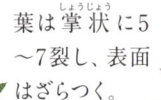

ポイント
葉は掌状に5〜7裂し、表面はざらつく。

葉身の長さは5〜12cm。

ポイント
茎や葉柄には下向きのとげがある。

ネジバナ：捩花
Spiranthes sinensis var. amoena

日当たりのよい芝生や草地で、春〜秋、花の茎をまっすぐ伸ばして紅紫色の美しい花をらせん状につける。花は右巻きも左巻きもある。高さ10〜40cm。地際の葉はやや幅の広い線形で、茎の葉は小さくて茎にぴったりとつく。別名モジズリ。北海道〜九州、中国、朝鮮半島などに分布。ネジバナ属。

ラン科

ポイント

らせん状の花茎を伸ばして、花は下から順に咲いていく。

芝生など、人の手が入った草地でよく見られる。

ネジバナの生き方

ねじれは花茎にたくさんの花が並ぶために花同士がじゃまし合った結果。まっすぐ一列よりらせんの方が花数をかせげる。花茎を途中で切ると、切り口の花が上を向く。空間ができるからだ。根には紡錘根という栄養倉庫をつくり、数年間かけて栄養をためる。その栄養を一気に使って花をつけ、大量の種子を飛ばす。そして親株は枯れる。

ガマのなかま

ガマ：蒲
Typha latifolia

池や沼、川の岸辺などに生える。高さは1.5〜2m。夏、茎の先に円柱形の花の穂をつける。下部は雌花の穂で長さ10〜12cm、太さ6mm、上部は雄花の穂で長さ7〜12cm。雄花の花粉には止血作用があり、神話で、大国主命に教えられて、因幡の白兎が傷の治療に使ったのは本種とされる。北海道〜九州、北半球の温帯〜熱帯などに分布。ガマ属。

花期のガマ。上部の黄色い部分が雄花、下部が雌花の穂。

ポイント

果期の穂は太さ1.5〜2cmになる。3種のガマのなかまで最も太い。

葉は線形。断面は三日月形で、中はスポンジ状。

果期に、果実は長い毛の生えた花柄の先につき、風に飛ばされる。

果期の雌花の穂

コガマ：小蒲
Typha orientalis

ガマに似るが、やや小さく高さは1～1.5m。花期は夏。雌花の穂は長さ6～10cm、雄花の穂は長さ3～9cm。本州～九州、東アジアの温帯～熱帯に分布。ガマ属。

雄花
雌花

ポイント
花期の穂。ガマに似るが、より小さい。

ヒメガマ：姫蒲
Typha angustifolia

高さは1.5～2m。葉はガマより細い。花期は夏。雌花の穂は長さ6～20cm、雄花の穂は長さ8～20cm。北海道～沖縄、世界の温帯～熱帯に分布。ガマ属。

雄花
雌花

ポイント
雄花の穂と雌花の穂の間に隙間がある。

マムシグサのなかま

マムシグサ：蝮草
Arisaema serratum

林縁や林内などに生え、ヘビが鎌首をもたげたようなすがたの植物。ふつうは雌雄異株。花期は春。サトイモ科に特徴的なかぶと状の苞(仏縁苞という)に取り囲まれて、花序の軸があり、雄花や雌花をかためてつける。茎のような葉鞘のもようをマムシに見立てて名前がついた。北海道〜九州、朝鮮半島、中国などに分布。変異が多い。テンナンショウ属。

雌株。花序の軸の下部に緑色の花がつく。

雌花

仏縁苞

ポイント
花の高さは、葉より同じくらいか上にある。仏縁苞は緑色、あるいは紫褐色で白いすじが目立つ。

ポイント
葉は複葉でふつう2個、小葉は7〜17個。

果実は赤く熟す。

葉鞘

ウラシマソウ：浦島草
Arisaema thubergii subsp. urashima

林縁や林内に生える。花期は春。花序の軸の先端が細長く伸びて、浦島太郎が釣りをしているようだということで名前がついた。北海道〜九州に分布。テンナンショウ属。

ポイント
花の高さは葉より下。花序の軸の先端は長さ60cmにもなる。

ポイント
葉は複葉で1個、小葉は11〜17個。

カラスビシャク：烏柄杓
Pinellia ternata

畑や庭、花だんの中などに生える。高さは20〜40 cm。花期は初夏〜夏。雌雄同株。花序の軸の先端が伸びて、苞の外に出る。北海道〜沖縄、朝鮮半島、中国に分布。ハンゲ属。

ポイント
葉は3個の小葉からなる。

ポイント
花の高さは葉よりずっと高く、仏縁苞は小さい。

ツユクサのなかま

ツユクサ：露草
Commelina communis

道ばたの少し湿ったところに群生する丈の低い草。花びら3枚の内2枚が青色、雄しべ6本のうち3本が目立ち、虫を呼ぶように進化した。夏〜秋の朝露の間だけ開花するので露草という。花の色素は水に溶け、友禅染めの下絵を描く染料となる。若芽や葉は食用になる。日本全土、中国、朝鮮半島に分布。オオボウシバナという大花の変種がある。ツユクサ属。

ツユクサ科

ポイント

葉はだ円形で、先がとがる。

6本ある雄しべのうち、上部のものは花粉を出さず、下部の3本が花粉を出す。

苞

ポイント

全体に毛はない。

マルバツユクサ：丸葉露草
Commelina benghalensis

海岸に近い日当たりのよい湿地に群生することが多い。花期は7〜10月。花はツユクサより少し小さく色が薄い。関東以南、世界の熱帯・亜熱帯に広く分布する。ツユクサ属。

ポイント
葉は卵形で幅広く、縁が波打つ。

ポイント
全体に毛が多い。

ノハカタカラクサ：野博多唐草
Tradescantia fluminensis

林縁の半日陰や林下の日陰に群生する。茎は地面をはい、節から根を出し、高さ30cmほどになる。夏に花を咲かせる。別名トキワツユクサ。南アメリカ原産の園芸種で、暖地の各地に帰化する。ムラサキツユクサ属。

葉は卵形からだ円形。

花が紫色の別種ムラサキツユクサの雄しべの毛は、理科の細胞分裂の実験材料となる。

ポイント
花は白く、花弁は3弁とも同じ大きさ。雄しべは6本で根元に白毛が密生する。

ヤマノイモのなかま

ヤマノイモ：自然薯
Dioscorea japonica

地下にできる長いイモを自然薯といい、栽培もされている。また、ムカゴも食用。林縁などに生えるつる性の植物で、夏、葉の付け根から細長い花序を出し、白色の花をつける。雌雄異株で、雌花の花序は垂れ下がる。茎と葉柄が紫色になる野生化したナガイモとの見分けはむずかしい。本州〜沖縄、朝鮮半島、中国に分布する。ヤマノイモ属。

雄花の花序は立ち上がる。

雄花 　雌花

ポイント
雄花、雌花とも白色。

ヤマノイモのなかまは、薄い翼のついた果実ができる。

ポイント
秋になると、葉の付け根にはムカゴ（珠芽）ができる。

ポイント
葉は長いハート形で、ふつう対生する。

オニドコロ：鬼野老
Dioscorea tokoro

ヤマノイモに似るが、地下の小さなイモは苦くて、食用には向かない。林縁などに生える。花期は夏。別名トコロ。葉柄の付け根にムカゴはできない。北海道〜九州に分布。ヤマノイモ属。

雄花の花序は立ち上がる。

雄花（上）、雌花（下）とも黄緑色で花被片は開く。

ポイント
葉はハート形で、互生する。

ヒメドコロ：姫野老
Dioscorea tenuipes

山野の林縁などに生える。花期は夏。根茎は食用。ムカゴはできない。本州〜沖縄に分布。ヤマノイモ属。

ポイント
葉はオニドコロより細い。

花はオニドコロによく似ている。雄花（上）、雌花（下）。

ポイント
雄花の花序は垂れ下がる。

シャガ：射干
Iris japonica

林内に群生する。高さは30〜70 cm。葉は常緑。直立した花の茎は上方で枝分かれし、春〜初夏、直径約5 cmの淡紫白色の花をたくさんつける。花被片は6個。外側の3個が外花被片で大きく、内側の3個が内花被片で小さい。さらに内側には、花弁のような雌しべ（花柱）がある。本州〜九州に分布。アヤメ属。

アヤメ科

- 花柱
- 外花被片
- 内花被片

ポイント

花被片の縁は細かく切れ込み、外花被片には、黄色と青紫色のもようがある。

葉は互生。

地際の葉は重なり合って束になる。

ヒメヒオウギズイセン：姫檜扇水仙
Crocosmia × crocosmiiflora

人家のまわりや海岸の草地などに生え、ときに群生する。夏、互生して束になった葉の間から高さ50〜80cmの花茎(かけい)を伸ばし、直径約3cmの朱赤色の花をたくさんつける。ヨーロッパで、ヒオウギズイセンとヒメトウショウブが交雑してできたとされる。モントブレチアの名前でも知られ、観賞用に栽培もされる。クロコスミア属。

ポイント
花被片は6個、外花被片、内花被片とも同じ形。朱赤色で基部近くは黄色。

ニワゼキショウ：庭石菖
Sisyrinchium atlanticum

道ばたや芝生などに生え、ときに群生する。茎は扁平で、高さ10〜20cmになる。初夏、茎の先に直径約1.5cmの花を咲かせる。花被片は6個で、内花被片と外花被片はほぼ同じ大きさ。北アメリカ原産で、日本各地に帰化。ほかにもオオニワゼキショウ、ルリニワゼキショウとされる種などもあるが、分類は確立されていない。ニワゼキショウ属。

アヤメ科

ポイント
花には紅紫色（左）と白色のタイプがある。

花の後、丸い果実ができる。

オオニワゼキショウ（上）とルリニワゼキショウ（下）。

葉は幅2〜3mmで線形。

ヒガンバナ：彼岸花
Lycoris radiata

秋の彼岸の頃、田のあぜや川の土手などで朱赤色の花を咲かせる。高さ30〜50cm。別名マンジュシャゲ（曼珠沙華）。球根（鱗茎）で増える。鱗茎は毒性の強いアルカロイドを含むが、昔は食べ物がないときの救荒植物として鱗茎を水にひたし毒ぬきしてでんぷんを取った。古い時代に中国から渡来したといわれる。日本全土に分布。ヒガンバナ属。

ヒガンバナ科

茎の先に5〜7個の花をつける。

ポイント

ひとつの花。花被片は6個で、反り返る。

形がヒガンバナに似ていて、薄い黄色を帯びた白色の花を咲かせるのは、シロバナマンジュシャゲ。

ポイント

花の後、細長い葉が出る。葉は翌年の春には枯れ、花時にはない。

ヒガンバナ科

スイセン：水仙
Narcissus tazetta var. chinensis

暖地の海岸などに生える。花の茎は高さ20〜40 cm。冬〜早春、茎の先に白い花を数個つける。花被片(かひへん)は6個。観賞用としても栽培され、八重咲き、花被片の黄色のものなどいくつかの園芸品種がある。地中海沿岸〜アジア中部、中国が原産で、日本には古い時代に中国から渡来したとされる。関東以西の本州、九州に分布。スイセン属。

ポイント
花柄(かへい)が曲がり、花は横を向く。

ポイント
花の中央に、杯状(さかずきじょう)で黄色い筒状部(とうじょうぶ)（副花冠(ふくかかん)）がある。花はよい香りがする。

ハナニラ：花韮
Ipheion uniflorum

道ばたや土手などの日当たりのよいところに生える。葉は線形。花の茎は高さ10〜25cm。花は直径約3cmで、白色、あるいは淡紫色。花被片は6個。南アメリカ原産で、観賞用のものが、日本各地に帰化。ヒガンバナ科ハナニラ属。

ヒガンバナ科、キジカクシ科

花被片の中央に濃い青紫色のすじがある。

ポイント
全体にニラ臭がある。

オオアマナ：大甘菜
Ornithogalum umbellatum

明るい林内などに生える。葉は細い線形。花の茎は高さ約20cm。茎は枝分かれし、その先に直径約2.5〜3.8cmの白い花をつける。花被片は6個、外側は緑色。ヨーロッパ原産で、観賞用に栽培されていたものが、日本各地に帰化。キジカクシ科オオアマナ属。

ポイント
つぼみがかたまってつき、雄しべの花糸は平たい。

花糸

🌿 ニラのなかま

ニラ：韮
Allium tuberosum

畑のわきや道ばたなどに生える。葉は線形で、花の茎は直立して、高さ30〜50 cmになる。夏〜秋、花の茎の先に枝分かれした花序をつけて、白色の花を咲かせる。花被片は6個。葉を食用にするほか、鱗茎や種子を薬用にする。東南アジア原産で、日本には古い時代に渡来したとされる。本州〜九州、中国、インド、パキスタンなどに分布。ネギ属。

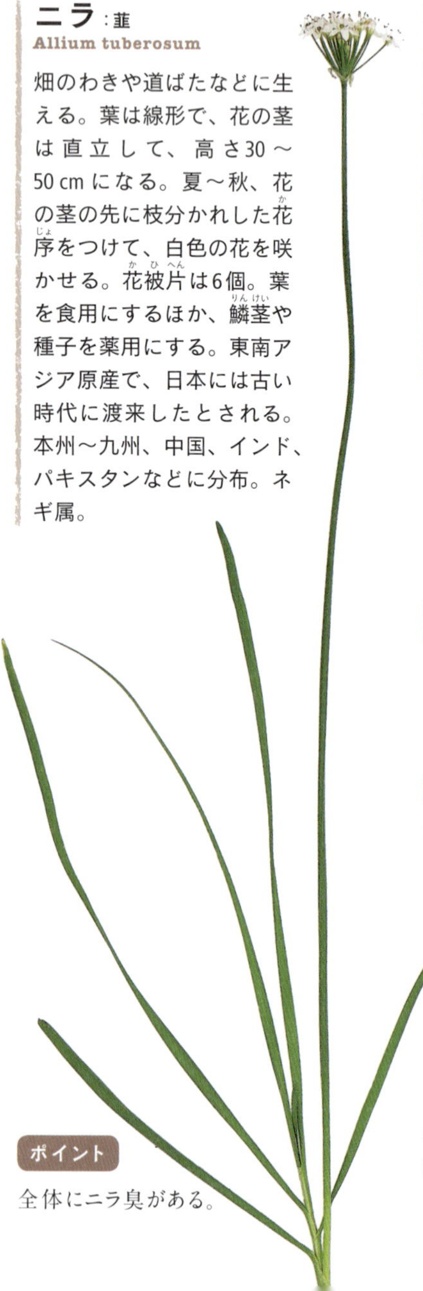

ニラは、ダイコン(p.163)とちがって、古くから身近に生える。

ポイント
花被片の中央に薄い緑色のすじがある。

ポイント
全体にニラ臭がある。

花の後、6個の種子ができる。種子を乾燥させたものは韮子といい、滋養強壮の漢方薬とする。

ノビル：野蒜
Allium macrostemon

道ばたや土手などに生える。葉は糸状の線形。花の茎の高さは40〜60cm。花期は初夏〜夏。花は白色、あるいは淡紅色を帯びる。葉や鱗茎を食用にする。日本全土に分布。ネギ属。

ポイント

花被片の中央に濃紫色のすじがある。茶色の粒はムカゴ（珠芽）。

ポイント

全体にニラ臭がある。

ポイント

鱗茎は直径約1.5cm。

ハタケニラ：畑韮
Nothoscordum gracile

道ばたや空き地などに生える。葉は線形で、花の茎は高さ40〜60cm。花期は初夏。北アメリカ原産で、観賞用に栽培されていたものが、本州〜九州の各地に帰化。ハタケニラ属。

ポイント

ニラ臭はない。

花は白色で花弁の外側に淡紅色のすじがある。雄しべの花糸は平たい。

ヤブカンゾウのなかま

ヤブカンゾウ：藪萱草
Hemerocallis fulva var. kwanso

田のあぜ、土手、野原などに生える。葉は線形。花の茎は高さ50〜100 cm。夏、茎の先に直径約8 cmの橙赤色(とうせきしょく)の花をつける。花は朝に開いて、夕方にしぼむ。本種とノカンゾウの若葉やつぼみは食用。若葉は炒め物などの料理、花は三杯酢漬けに向く。北海道〜九州、中国に分布。ワスレグサ属。

ススキノキ科

ポイント
花は八重咲き。

若葉。山菜として人気がある。

ノカンゾウ：野萱草
Hemerocallis fulva var. disticha

ヤブカンゾウと同じようなところに生える。全体にヤブカンゾウより小さく、花の茎は高さ50〜70cm。花期は夏。花は直径約7cm。本州〜沖縄、中国に分布。ワスレグサ属。

ポイント

一重咲きで、花被片(かひへん)は6個。

萱草(かんぞう)のなかまを忘れ草とも呼び、この草を着物のひもに結んでおくと憂いを忘れるという。また、九州や沖縄にある橙黄色の花が咲く独立種ワスレグサもある。ワスレグサが属の名前となった。

キジカクシ科

ツルボ：蔓穂
Barnardia japonica

野原の日当たりのよいところに生える。葉は線形で、春に出たものは夏に枯れる。夏〜初秋、地面から茎と葉をほぼ同時に伸ばし、茎の上部に淡紅紫色の花を密につける。花の茎は高さ20〜40cm。冬までに葉は枯れる。北海道〜沖縄、朝鮮半島、中国に分布。ツルボ属。

ポイント
花は茎の上部に密生する。

ポイント
花被片は6個で、長だ円形。大きく平らに開く。

果実は卵形。

ヤブラン：藪蘭
Liriope muscari

林縁や林内に生える。葉は線形で地際から出る。花の茎は高さ30〜50cm。花期は夏〜秋。果実は皮が早く落ち、種子がむき出しになる変わった性質がある。本州〜沖縄、朝鮮半島、中国などに分布。ヤブラン属。

ポイント
花被片はだ円形で6個。

種子は直径6〜7mmで、光沢のある黒色に熟す。

ジャノヒゲのなかま

ジャノヒゲ：蛇の鬚
Ophiopogon japonicus

林縁や林内に生える。葉は線形で地際から出る。夏、高さ7〜12cmの花茎を出し、淡紫色、あるいは白色の花を下向きにつける。別名リュウノヒゲ。日本全土、朝鮮半島、中国に分布。ジャノヒゲ属。

花被片はだ円形。　　種子は深い青色に熟す。

ポイント
葉は線形で幅2〜3mm。

オオバジャノヒゲ：大葉蛇の鬚
Ophiopogon planiscapus

林縁や林内に生える。花の茎は高さ20〜30cm。花期は夏。本州〜九州に分布。ジャノヒゲ属。

花と種子はジャノヒゲに似る。

ポイント
葉は線形で幅4〜6mm。

スズメノヤリ：雀の槍
Luzula capitata

草地などに生える。茎は直立するか、ななめに立ち上がり、高さは10〜30cmになる。春、茎の先に球状の頭花をつける。地際の葉も茎の葉も白色の長い毛が生える。長い茎の先につく頭花の形を、大名行列の毛槍に見立てて名前がついた。日本全土、朝鮮半島、中国などに分布。スズメノヤリ属。

イグサ科

ポイント
花被片は6個で、赤褐色を帯びる。雌しべの柱頭が見える。

ポイント
葉には白色の長い毛が生える。

クサイ :草藺
Juncus tenuis

道ばた、公園、空き地などに生える。細い茎は直立し、高さ30〜50cmになる。夏〜秋、茎の先にまばらに枝分かれした花序をつけ、薄緑色の地味な花を咲かせる。葉は下部につく。北海道〜九州、中国、ヨーロッパ、南北アメリカなどに広く分布。イグサ属。

ポイント
花序はまばらに枝分かれする。

ポイント
全体に毛はない。

ポイント
花被片は6個。先は鋭くとがり、縁は白い膜質。

▲ カヤツリグサのなかま

カヤツリグサ：蚊帳吊草
Cyperus microiria

畑や空き地などに生える。茎は三角形で、高さ20〜60cmになる。夏〜秋、茎の先に花序の枝を数本出し、たくさんの小穂をつける。小穂とは、いくつかの花（小花）が穂状についたもの。茎を裂いてできる四角形を蚊帳に見立てて名前がついた。本州〜九州、朝鮮半島、中国、インド、マレーシアなどに分布。カヤツリグサ属。

苞葉

花序の軸

茎の断面は三角形。

葉は下部につく。

ポイント

小穂はななめに2列につく。
小穂の鱗片の先がとがる。

コゴメガヤツリ：小米蚊帳吊
Cyperus iria

畑や空き地などに生える。カヤツリグサに似る。高さは20〜60 cm。花期は夏〜秋。小穂がカヤツリグサより小さいので小米とついた。本州〜沖縄、朝鮮半島、中国、インド、マレーシアなどに分布。カヤツリグサ属。

苞葉

花序の軸

ポイント

小穂の鱗片の先はとがらない。

タマガヤツリ：球蚊帳吊
Cyperus difformis

湿地に生える。茎は三角形で、全体にやわらかく、高さは15〜40cmになる。夏〜秋、茎の先に短い花序の枝を数本出して、たくさんの小穂を球状につける。花序の枝の基部にある葉状のものは苞葉で、葉は下部につく。北海道〜沖縄、世界の暖地に広く分布。カヤツリグサ属。

カヤツリグサ科

ポイント
小穂は球状につき、小穂の鱗片は暗紫褐色を帯びる。

苞葉

葉は線形で下部につき、茎より短い。

葉

ポイント
鱗片の先はとがらない。

メリケンガヤツリ
Cyperus eragrostis

湿地や水辺に生える。高さは30〜100 cmとやや大型。熱帯アメリカ原産で、本州〜沖縄に帰化。分布を広げている。カヤツリグサ属。

ポイント

花序(かじょ)は球状で白色を帯びた緑色。

苞葉

葉は線形で下部につき、茎と同じ長さになることもある。

ポイント

鱗片の先はにぶくとがる。

ジュズダマ：数珠玉
Coix lacryma-jobi

水辺に生える。高さ1～2m。夏～秋、茎の上部の葉のわきから花序の枝を出す。枝の先につぼ形の苞（苞鞘という）がある花序をつける。苞鞘は熟すと黒褐色～灰白色になる。かたい苞鞘をつないで数珠にしたので、名前がついた。インドシナ、インドネシア原産で、古い時代に渡来し、本州～沖縄に帰化。ジュズダマ属。

雌花の柱頭
雄花の小穂

ポイント
苞鞘の中に雌花の小穂があって柱頭だけを出す。雄花の小穂は苞鞘の外に出る。

ポイント
苞鞘は黒褐色～灰白色になる。

葉は線形で、長さ約50cm、幅1.5～4cmとやや幅広い。

イネ科

セイバンモロコシ：西蕃蜀黍
Sorghum halepense

道ばた、畑、川の土手などに生える。高さは0.8〜1.8m。夏〜秋、円錐状の花序を出し、たくさんの小穂をつける。小穂は赤紫色を帯びる。若い葉には青酸化合物が含まれていることがある。地中海沿岸原産で、本州〜九州に帰化。モロコシ属。

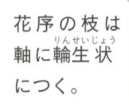

花序の枝は軸に輪生状につく。

柄

ポイント
葉の中脈は幅がやや広く、白色で目立つ。

ポイント
花序の枝に、柄のある小穂と柄のない小穂がセットになってつく。

ススキのなかま

ススキ：薄／芒
Miscanthus sinensis

草原や道ばたなどの日当たりのよいところに生える。地際からたくさんの茎がまとまって出て株立ちし、高さ1〜2mになる。夏〜秋、花序の軸から放射状に多くの枝を出し、たくさんの小穂をつける。別名オバナ（尾花）で、秋の七草のひとつ。ススキのなかまは茅と呼ばれ、屋根を葺く材料となる。日本全土、朝鮮半島、中国などに分布。ススキ属。

芒

葉の縁はざらつき、手や指を切ることもある。

ポイント
たくさんの茎が出て大きな株になる。

ポイント
小穂には長い芒があり、芒は横に折れる。

オギ：荻
Miscanthus sacchariflorus

水辺や湿地に生える。根茎を伸ばして、大群落をつくる。高さは1〜2.5m。秋、花序の軸から放射状に多くの枝を出し、たくさんの小穂をつける。北海道〜九州、朝鮮半島、中国などに分布。ススキ属。

ポイント
花序の枝は明らかにススキより多く、ふさふさした感じ。

ポイント
根茎から茎を1本ずつ出して、ススキのように株立ちしない。

ポイント
小穂には芒がない。

ヨシのなかま

ヨシ:葦
Phragmites australis

池や川などの水辺に生える。塩分に耐えられる性質があり、地下に根茎を伸ばして大群落をつくる。高さは1.5〜3m。花期は夏〜秋。花序は長さ15〜40cmの円錐状。葉は線形でななめにつき、先が垂れる。茎を乾燥させてつくったすだれをヨシズという。日本全土、世界の暖帯〜亜寒帯などに広く分布。ヨシ属。

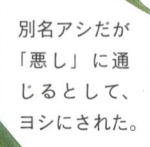

別名アシだが「悪し」に通じるとして、ヨシにされた。

葉耳

ポイント
茎の節に毛はない。

ポイント
葉身の基部に葉耳という耳状の張り出しがある。

ツルヨシ：蔓葦
Phragmites japonica

水辺に生える。ヨシに似るが、根茎ではなく水上や水中にほふく枝（つる）を出して増える。花期は夏〜秋。花序は長さ約30 cmの円錐状。本州〜沖縄、朝鮮半島、中国などに分布。ヨシ属。

ポイント
茎の節に毛がある。

ポイント
葉身の基部に張り出しはない。

ポイント
水上を伸びるほふく枝がある。

チガヤ：白茅
Imperata cylindrica

野山の日当たりのよいところに群生する。高さは30〜80cm。花期は初夏で、白色の長い毛が密生した円柱形の花序をつける。葉は線形。若い花序をツバナといい、かむと甘味があり食べられる。根茎は利尿作用があり、漢方薬にされる。日本全土に分布。チガヤ属。

ポイント

小穂の基部に白色の毛がある。

ポイント

果期には、毛に風を受けて果実が飛ぶ。

花期は花序が赤紫色に見える。

葉は線形で、茎の上部には少ない。

コブナグサ：小鮒草
Arthraxon hispidus

田のあぜなどの湿地に生える。高さ20〜50cm。秋、花序の枝をまばらに出す。葉はだ円形で先はとがり、基部(きぶ)は張り出して茎を抱く。葉の形をフナに見立てて名前がついた。日本全土、アジアの熱帯に分布。コブナグサ属。

ポイント
小穂は白色〜紫色。

ポイント
葉の基部は茎を抱く。葉の縁(ふち)や葉鞘(ようしょう)に毛が生える。

茎や葉の縁が紫色を帯びることが多い。

群生することが多い。

黄八丈はコブナグサで染める

コブナグサを煎じた汁を椿(つばき)の灰で発色させると黄色い染料がとれる。これで染めた織物が黄八丈(はちじょう)で、江戸時代から八丈島の特産物として知られる。現在は島を代表する文化財で、その工房は三原山の南麓(なんろく)にあり東京都無形文化財に指定されている。八丈島の畑のすみなどにコブナグサがたくさん生えて、さすがに黄八丈の島であると思わせる。

イヌビエのなかま

イヌビエ：犬稗
Echinochloa crus-galli

道ばた、空き地、畑などに生える。茎は根際からまとまって出て、高さ80〜120cmになる。花期は夏〜秋。花序は長さ10〜25cmで、短い枝をななめに出し、たくさんの小穂をつける。葉は線形。別名ノビエ。本州〜沖縄に分布。イヌビエ属。

ポイント
小穂の芒は長さ数mmでとても短い。

イヌビエのなかまは、葉舌がないのが特徴。

ケイヌビエ：毛犬稗
Echinochloa crus-galli var. echinata

イヌビエの変種で、田や水辺に生える。イネに混じって生えるやっかいな害草。本州〜九州に分布。イヌビエ属。

ポイント
小穂に長い芒がある。

チヂミザサ：縮み笹
Oplismenus undulatifolius

林の中や縁に生える。茎の基部は地面をはって、節から根を出しながら広がり、上部は立ち上がり、高さ10〜30cmになる。葉はササに似てだ円形で先がとがり、縁は波打つことから名前がついた。花期は夏〜秋。花序は長さ6〜12cmで、まばらに枝分れして小穂をつける。日本全土に分布。チヂミザサ属。

芒

ポイント
小穂には長い芒がある。白色や桃色のブラシ状の雄しべの先（葯）がある。

成熟すると芒は粘液を出し、衣服や動物の毛につく。

ポイント
葉の縁が波打つ。

根

ナルコビエ：鳴子稗
Eriochloa villosa

草地に生える。高さは50～100 cm。花期は夏～秋。花序はほぼ直立し、長さ7～10 cm。4～6本の横枝（総という）を同じ方向に出す。全体に短毛が密生する。葉は線形。総に並んだ小穂を鳴子に見立てて名前がついた。本州～沖縄、中国などに分布。ナルコビエ属。

イネ科

ポイント
総の下側に小穂が2列につく。

ポイント
葉舌は毛状で、葉鞘に短い軟毛がある。

ポイント
総は同じ方向に出る。

スズメノヒエのなかま

スズメノヒエ：雀の稗
Paspalum thunbergii

草地や畑などに生える。高さ40〜90cm。夏〜秋、花序の枝（総）を左右に出して、小穂をたくさんつける。全体に長めの毛が密生する。葉は線形。本州〜沖縄、朝鮮半島、中国に分布。スズメノヒエ属。

ポイント
総は3〜5本。

ポイント
小穂（しょうすい）は2列につく。

シマスズメノヒエ：島雀の稗
Paspalum dilatatum

草地や畑などに生える。高さ80〜100cm。花期は夏〜秋。葉身（ようしん）の基部に毛がまばらに生える。牧草として利用される。南アメリカ原産で、関東以西に帰化。スズメノヒエ属。

ポイント
総は5〜10本。

ポイント
小穂は3〜4列につく。

メヒシバのなかま

メヒシバ：雌日芝
Digitaria ciliaris

道ばたや畑などに生える。茎は地面をはって節から根を出しながら広がり、上部は立ち上がって高さ40〜70cmになる。夏〜秋、細い花序の枝（総という）を放射状に広げる。畑の強害草。日本全土、世界の熱帯〜暖帯に広く分布。メヒシバ属。

ポイント
総は交互に5〜10本出る。

ポイント
下部の葉の葉鞘に白色の長い毛が生える。

コメヒシバ：小雌日芝
Digitaria timorensis

道ばたや畑などに生える。高さは25〜40cm。花期は夏〜秋。メヒシバに似るが、全体に小さい。葉鞘にはふつう毛がない。本州〜沖縄、朝鮮半島、中国などに分布。メヒシバ属。

ポイント
総は1点から2〜4本出る。

オヒシバ：雄日芝
Eleusine indica

道ばたや土手などに生える。高さは30〜80cmになる。夏〜秋、太めの総(そう)を放射状に広げる。本州〜沖縄に分布。オヒシバ属。

> **ポイント**
> 総はメヒシバより太く、2〜6本出る。

> **ポイント**
> 葉の基部(きぶ)の縁に白色の長い軟毛が生える。

チカラシバ：力芝
Pennisetum alopecuroides

草地や道ばたなどに生える。高さは30〜80cm。夏〜秋、ブラシのような花序をつける。株は引き抜きがたいので名前がついた。日本全土に分布。チカラシバ属。

> **ポイント**
> 小穂(しょうすい)の基部の剛毛はふつう暗紫色。

エノコログサのなかま

エノコログサ：狗尾草
Setaria viridis

円柱形の花序(かじょ)を持つ。花序を子イヌの尾に見立て、狗の子草が転じてエノコログサとなった。道ばた、畑などの日当たりのよいところに生える。高さは20〜80cm。花期は夏〜秋で、花序の長さは2〜5cm。葉は線形。別名ネコジャラシで、花序を軸ごと抜いて、ネコをじゃらすことによる。日本全土に分布。エノコログサ属。

ポイント

花序(かじょ)の先はアキノエノコログサほど垂れ下がらない。

小穂(しょうすい)が花序の軸に密生(みっせい)する。小穂には緑色の剛毛(ごうもう)がある。

アワは最古の穀物

アワ（粟）はエノコログサから分化した作物で、縄文時代から栽培されてきた。高さ2m近くになり穂は長さ8〜25cm、太さ2〜4cm。果実は球形で直径2mmで黄色。栄養があって消化もよく、稲が渡来する前の主食だった。モチとウルチがあり、モチは粟餅にした。現在ではダイエット食とする程度で、主に小鳥の餌にする。

アキノエノコログサ：秋の狗尾草
Setaria faberi

道ばたや畑などに生える。高さは40〜100 cm。エノコログサより大型。花期は秋〜晩秋と遅い。花序の長さは5〜12 cm。北海道〜九州、朝鮮半島、中国に分布する。エノコログサ属。

ポイント

花序の先は垂れ下がる。

小穂

キンエノコロ：金狗尾
Setaria pumila

道ばたや草地などに生える。高さは20〜50 cm。花期は夏〜秋。花序の長さは3〜10 cm。日本全土に分布。エノコログサ属。別種のコツブキンエノコロは花序が細い。

ポイント

花序の先はあまり垂れ下がらない。小穂の剛毛は黄金色。

小穂

コバンソウのなかま

コバンソウ：小判草
Briza maxima

初夏〜夏、小判のようなおもしろい形をした小穂をつける。花序全体は円錐形で、小花が集まってできた小穂は細い柄を持ち、垂れ下がる。草地や空き地、海岸の砂地などに生える。高さは30〜60cm。葉は線形。ヨーロッパ原産で、明治の初めに観賞用として輸入されたものが、本州〜九州に帰化。コバンソウ属。

ポイント
小穂は卵状のだ円形で、長さ8〜25mm。7〜20個の小花がある。

葉舌

葉舌は白色の膜質で、葉鞘まで続く。

小穂は初め黄緑色で、熟すと黄褐色になる。

ヒメコバンソウ :姫小判草
Briza minor

コバンソウと同じようなところに生え、しばしば混生する。高さは10～60㎝。コバンソウより小型。ヨーロッパ原産で、本州～沖縄に帰化。コバンソウ属。

花序は円錐形で、たくさんの小穂がつく。

ポイント

小穂は三角形で、長さ3～5mm。4～8個の小花がある。

カモガヤ :鴨茅
Dactylis glomerata

道ばたや草地に生える。高さは40～120㎝。花期は夏。葉は線形で、緑白色。別名オーチャードグラスで、牧草として栽培されたものが、北海道～九州に帰化。カモガヤ属。

ポイント

小穂は数個～10数個が集まる。雄しべの葯が白っぽく、花序全体が白っぽく見える。

イヌムギ：犬麦
Bromus catharticus

道ばたや空き地などに生える。高さは40～100cm。初夏～夏、円錐形の花序をつける。花序の長さは5～25cmで、先はやや垂れ下がる。南アメリカ原産で、日本全土に帰化。スズメノチャヒキ属。

ポイント
花序は円錐形で、先がやや垂れ下がる。

ポイント
葉鞘には白い毛がある。

ポイント
小穂の穎の芒の長さは約1mmと短い。開花しても雄しべの葯は外に出ない。

カラスムギ：烏麦
Avena fatua

道ばたや畑などに生える。高さは60〜100cm。初夏〜夏、まばらに枝分かれした円錐形の花序をつける。花序の長さは15〜30cmで、淡緑色の小穂が、垂れ下がってつく。日本全土に分布。同じなかまのエンバク（マカラスムギ）は食用。エンバクの幼苗は、オーキシンという植物の成長ホルモンのテストに使用される。カラスムギ属。

> **ポイント**
> 花序は円錐形で、小穂は垂れ下がる。

エンバク（マカラスムギ）。芒は短く目立たない。

> **ポイント**
> 小穂には2〜3個の長い芒があり、芒は途中でねじれる。

カモジグサのなかま

カモジグサ：鵝草
Elymus tsukushiensis var. transiens

草地や道ばたなどに生える。高さは30〜100cm。花期は初夏〜夏。花序は長さ15〜25cmの穂状で、先は垂れる。カモジとは付け髪のことで、花序を髪につけて遊んだことから、名前がついた。日本全土、朝鮮半島、中国に分布。エゾムギ属。

ポイント
小花の内側の穎は、外側の穎と同じ長さ。

ポイント
小穂の芒は紫色を帯びる。

アオカモジグサ：青鵝草
Elymus racemifer

草地や道ばたなどに生え、ときにカモジグサと混生する。カモジグサに似るが、小穂は淡緑色。北海道〜九州、朝鮮半島、中国に分布。エゾムギ属。

外側の穎

ポイント
小花の内側の穎は、外側の穎より短い。

内側の穎

スズメノテッポウ：雀の鉄砲
Alopecurus aequalis

水田や湿地などに生える。全体にやわらかく、高さは20〜40cm。春〜初夏、細い円柱形の花序を立てる。この花序の形を鉄砲に見立てて、名前がついた。花序を軸ごと引き抜き、葉身を折り返して葉鞘部分を吹くと草笛になるので、ピーピーグサという地方名もある。北海道〜九州に分布。スズメノテッポウ属。

ポイント
雄しべの葯は黄白色から黄褐色に変わる。

花序

ポイント
花序は円柱形で長さ3〜8cm。

葉舌は白色の膜質。

葉舌

スズメノカタビラ：雀の帷子
Poa annua

道ばた、空き地、畑、庭などに生える。全体にやわらかく、高さは10～30cm。花期は早春～晩秋だが、暖地では1年中開花する。花序は長さ4～5cmで、枝を横に出して円錐状になる。日本全土に分布。イチゴツナギ属。

ポイント
小穂は3～5個の小花がある。穎の縁は膜質で、しばしば縁が赤紫色を帯びる。

帷子とは一重の衣のこと。小さな花序をスズメの衣に見立てた。

ポイント
株になる。

用語解説
glossary

＊あ

羽状複葉…葉の軸が伸びて3個以上の小葉をつける葉をいう。小葉がさらに全裂すれば2回羽状複葉という。

羽状複葉（カラスノエンドウ）

穎…イネ科の小穂と小花にある舟形のもの。葉が変形した。小穂の基部には2個の苞穎（包穎とも書く）、小花には護穎（外穎）と内穎（内穎）がある。（→ p.9イネ科）

液果…果実の身の部分に水分を多く含み、裂開しない果実、ブドウやミカンなど。

雄株…雄花をつける株。

雄花…雄しべだけをつける花。

＊か

外花被片…ユリ科の花のように、萼片と花弁が同じような花では、萼片のことをいう。（→ p.9ユリ科）

塊茎…地下茎が養分をたくわえて肥大化し、イモ状になったものをいう。

花冠…花弁全体をいう。

萼…花弁の下にある小さな葉状のものの全体をいう。ひとつひとつを萼片といい、ふつう花弁と同じ数がある。

角果…アブラナ科に見られる角状の果実。2枚の皮の中に種子がある。

花茎…地表面から伸びて先に花や花序をつけ、それ自体は葉をつけない草本植物の茎。

花糸…雄しべの葯を支える部分をいう。糸状が多いが形は多様で、花糸のない雄しべもある。

下唇…シソ科やゴマノハグサ科の花のように、基部が筒状で先が上下に分かれて、唇のような形になった花弁の下の部分をいう。

果実…雌しべの基部にある子房とその附随した部分が発育してでき、中に種子があるもの。

花床…花柄の頂端にあって花がつく部分。皿状や頭状にふくらむものが多い。

花序…花がついた枝全体と花のつき方をいう。

花穂…穂のようになった花序。穂状花序。穂状花序は、長い花軸に柄のない花が多数つく。

花被…萼と花冠全体をいう。

花被片…萼片と花弁のことをいう。

花柄…ひとつの花を支える柄。茎の一部。

花弁…花びらのことをいう。

乾果…皮がうすく乾燥している果実。角果はその一種。

冠毛…キク科などの果実の頂に輪状に生えている毛。

冠毛のある果実（トウカイタンポポ）

旗弁…マメ科の花の上部にある大きな花弁。

距…花弁や萼片の一部が長く飛び出してふくろ状になった部分をいう。

強害草…畑の作物に強い害を与える雑草。ワルナスビ、イチビなど。

鋸歯…葉の縁ののこぎりの歯のようになった部分をいう。

救荒植物…山野に生える植物で凶作のときに食用になるもの。

護穎…イネ科の花を包む変形した大小2枚の葉のうち大きい方のもの。弁当箱でいうふたのようなもの。

互生…葉がひとつずつ互いちがいにつくことをいう。

互生（キキョウソウ）

根茎…地上の茎と同じ形態的特徴を持つ普通の茎が地下にあるものをいう。

根粒…根粒菌によって作られる根の粒状の構造物。

* さ

3出複葉…3個の小葉をもつ複葉。

地際…地面と接するあたりをいう。

雌雄異株…雄花と雌花が別々の株につくことをいう。雌雄別株ともいう。

重鋸歯…葉の縁の鋸歯がさらにのこぎり状に切れ込んだもの。

雌雄同株…雄花と雌花が同じ株につくことをいう。

種子…植物のごく幼い子どもの胚が種皮で包まれたもの。

小花…小さな花が集まって全体がひとつの花のように見える場合、ひ

とつひとつの小さな花をいう。(→ p.3 キク科)

掌状…掌のような形をいう。

上唇…シソ科などの花の、上と下に分かれた花弁のうち、上のもの。

小穂…イネ科とカヤツリグサ科の小花の集まりの単位。小さな穂となる。

小穂（カヤツリグサ）

小苞…小さな苞葉をいう。苞葉は花を支える位置にある変形した葉。

小葉…葉が2個以上に完全に分裂する場合、分裂した葉をいう。

唇弁…スミレ科やラン科の花の大きい下方の花弁。

穂状…穂のような形。

舌状花…花の基部の短い筒部と先端の相対的に大きな舌状部がある花。(→ p.3 キク科)

全縁…葉の縁がなめらかで鋸歯や切れ込みがないこと。

腺体…粘液を分泌する部分をいう。(→ p.6 トウダイグサ科)

腺毛…粘液を分泌するふくらんだ先端を持つ毛をいう。

毛の先端がふくらんでいる腺毛。

腺毛（メナモミ）

総…イネ科の植物で、花序の軸から分かれた横枝をいう。

総苞…若い花序全体を包み、支える土台の部分。たくさんの総苞片からなる。(→ p.3 キク科)

総苞外片…キク科の頭花のように、総苞片が数列に重なるとき、外側のものをいう。

総苞内片…キク科の頭花のように、総苞片が数列に重なるとき、内側のものをいう。

＊た

対生…葉がひとつの節に2個向き合ってつくことをいう。

対生（カキドオシ）

托葉…葉の基部にある葉身以外の葉

のような器官をいう。

托葉鞘…鞘状に癒合して茎を取り巻く托葉。タデ科にある。(→ p.8 タデ科)

地下茎…地表面から下にある茎の総称。

柱頭…雌しべの先端の、花粉を受ける部分をいう。

虫媒花…昆虫が受粉の仲立ちをする花。

頭花…キク科の植物のように、小花が集まって円盤状になり、ひとつの花のように見える花序をいう。頭状花ともいう。(→ p.3 キク科)

筒状花…キク科の植物の小花で、花弁が合着して筒状になり、先が5裂したものをいう。(→ p.3 キク科)

筒部…筒状の部分。

* な

内頴…護頴に相対する変形した葉。弁当箱でいう中身にあたる。

内花被…ユリ科の花のように、萼と花冠の形や色が同じような花では、花冠を内花被という。(→ p.9 ユリ科)

芒…イネ科の小花の護頴やカヤツリグサ科の花の鱗片の先にある針のような突起をいう。(→ p.9 イネ科)

* は

風媒花…風が受粉の仲立ちをする花。

副花冠…花冠の一部や葯、雄しべなどが変形してできた付属物をいう。スイセンの花冠の環状の付属物はその例。

複葉…2個以上の部分に完全に分裂した葉。

苞…花や花序の基部にある変形した葉をいう。花序の苞をとくに総苞という。(→ p.3 キク科)

ほふく枝…地上の茎の基部から出て、地上をはう茎をいう。地面に接する節から根を出して新しい株をつくる。

ほふく枝（ムラサキサギゴケ）

* ま

ムカゴ…無性芽（親の栄養体から分離して無性繁殖する細胞または多細胞体）の一種で、葉の根元にできる芽が肥大したもの。珠芽ともいう。

雌株…雌花をつける株。

雌花…雌しべだけをつける花。

綿毛…綿のようにやわらかな毛。

* や

葯…雄しべの先の花粉を出す部分。

葉鞘…イネ科の植物などで、葉の基部が鞘状となって茎を包んでいる部分をいう。

葉身…光合成をする葉の主要部分。

葉舌…イネ科の葉で、葉身と葉鞘のさかい目にあるわくのようなものをいう。

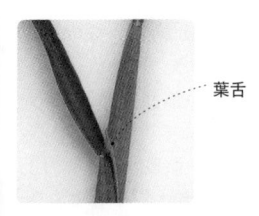

葉舌（スズメノテッポウ）

葉柄…葉身と茎をつなぎ、葉身をささえる柄のような部分をいう。

葉脈…葉身にある水分や養分の通り道（維管束）をいう。

翼…葉身の基部が狭まり、葉軸にそってヒレ状になって茎につながる部分や、茎にあるヒレをいう。

翼弁…マメ科の花を正面から見て、左右にある花弁。

＊ら

竜骨弁…マメ科の花を正面から見て、下側にある2枚の花弁。2枚が合わさって船の竜骨のような形になって前へ突き出す。

稜…折れ目のような直線状のかどをいう。

両性花…雄しべと雌しべの両方を持つ花。

林縁…林の縁。

鱗茎…ユリ科の植物などで、地下にあって葉が養分をたくわえて肥大し、何層にも重なって球形になったものをいう。

輪状…輪のような形状。

輪生…ひとつの節に3枚以上の葉が輪状につくことをいう。

輪生（ツルマンネングサ）

鱗皮…イネ科の花の雌しべのもとにある2個の小さな構造物。（→ p.9イネ科）

鱗片…鱗のような形の小さな多細胞のもので、カヤツリグサ科の花を包むものや、グミ科の葉にある。

裂片…花弁や萼、葉などが裂けているとき、その一片をいう。

植物の名前
Name of Plants

　図鑑でいう植物の名前とは、植物の種類の名前である。では種類とは何だろうか？　百合、笹百合、小鬼百合、新鉄砲百合、すべてが百合の種類の名前だ。「笹百合という種類は百合という種類の一種類である」と表現すると、種類という言葉が並んで、これでは何のことか分からない。種類という概念は便利だが、内容が漠然としていてあいまいという欠点がある。

　そこで、種類の概念を整理して、まず基本的な単位を決め、それを集めてグループをつくることが考え出された。それが植物分類学に基づく植物の名前である。基本的な単位を「種」という。種とは、親と同じ特徴を持つ子孫を増やすことができる、個体の集団を意味する。植物ではないが、ヒトはひとつの種である。種を集めて「属」とする。属を集めて「科」をつくり、科を集めて「目」をつくる。「目」の上に「綱」、「門」、「界」があり、最後は植物界である。こうして、下から上にグループがまとまる分類体系ができる。種を基本として、それが分類体系のどのような位置にあるかを理解することによって、植物の種類の名前を明確にすると同時に、人と人の間で、名前に対する理解が同じになるようにしたのだ。この考え方は会社の組織に似ている。社員が種に当たり、社員をまとめた上に係があり、係の上に課があり、部があり、最後は会社となるわけである。

　植物の名前は種の単位を基本とし、種名という。種名は世界中で通用するようにラテン語で書かれ、これを学名という。学名は属名と種小名というふたつの言葉からできている。例えば笹百合は、*Lilium japonicum* という学名をもつ。学名は人の名前に似ている。苗字に当たる（*Lilium*）が属名で、個人の名（*japonicum*）が種小名というわけである。学名は国際的な規約で決められており、正しい学名はひ

左：ササユリ
Lilium japonicum

解説　近田文弘
Fumihiro Konta

とつだけだ。日本の植物図鑑の名前は、学名を基礎とした日本語の名前（和名）が使われる。笹百合は、種名を表す。和名には学名のような規定がないので、ひとつの種に複数の和名がつくことがある。そこで標準的な名前を標準和名とし、そのほかを別名とする。また和名はカタカナで表すことになっている。

しかし、すべての植物の和名が種名というわけではない。種は基本単位であるが、さらに種よりも細かい分類の名前も考えられている。種の下に亜種（subspecies）、変種（variety）、品種（form）と順に小さくなる単位が設定されていて、和名もそれに対応して変わる。本図鑑では亜種（subsp.）、変種（var.）、品種（f.）、と表示する。以上は野生植物の名前の話である。栽培植物の学名は別に規約がある。なぜなら、野生植物を交配して人工的につくられた、栽培品種とか園芸品種が多いからである。

百合の例では、ユリは種や園芸品種を含んだ名前でユリ属に相当する。ササユリは種名で、コオニユリは種より小さい変種で、学名を *Lilium leichtlinii* var. *maximowiczii* という。シンテッポウユリは、タカサゴユリ（種）とテッポウユリ（種）の交配でつくられた園芸品種で、学名は *Lilium* × *formolongi* である。雑種は（×）で表す。

図鑑を利用して植物の名前を知るには、種とその種が属している科の名前を連動させて覚える。科は分類の上で重要なグループで、科の特徴を理解すると、未知の種でも見当がつくようになる。例えばノコンギクはキク科の種で、ノアザミもキク科の種である。小さな花が集まって頭花というものをつくる特徴が共通している。また、種をまとめた属も多くの共通点がある。本図鑑では、同じ属ですがたが似ている種を"なかま"として理解するようにしてある。

中：コオニユリ
Lilium leichtlinii var. *maximowiczii*
右：シンテッポウユリ
Lilium × *formolongi*

五十音順索引

薄い文字は別名や解説・コラムに登場するもの

✱ あ

アオカモジグサ…254
アオゲイトウ…173
アオビユ…174
アカザ…176
アカツメクサ…139
アカバナユウゲショウ…106
アカマンマ…200
アキノウナギツカミ…198
アキノエノコログサ…249
アキノノゲシ…41
アジュガ…72
アゼナ…59
アップルミント…73
アメリカアサガオ…87
アメリカアリタソウ…181
アメリカイヌホオズキ…70
アメリカオニアザミ…38
アメリカセンダングサ…19
アメリカタカサブロウ…14
アメリカフウロ…126
アラゲハンゴンソウ…17
アリタソウ…178
アレチウリ…113
アレチギシギシ…193
アレチヌスビトハギ…143
アレチノギク…31
アレチハナガサ…79
アワ…248
イガオナモミ…11
イシミカワ…199
イタドリ…196
イチビ…116
イヌカキネガラシ…165
イヌガラシ…158
イヌキクイモ…32
イヌタデ…200
イヌノフグリ…64
イヌビエ…242
イヌビユ…175
イヌホオズキ…70
イヌムギ…252
イノコヅチ…180
イモカタバミ…131
ウシノヒタイ…198
ウシハコベ…185
ウツボグサ…74
ウラシマソウ…211
ウラジロチチコグサ…35
ウリクサ…59
エゾノギシギシ…193
エゾミソハギ…109
エノコログサ…248
エビヅル…119
エボシグサ…136
エンバク…253
オオアマナ…221
オオアラセイトウ…163
オオアレチノギク…31
オオイタドリ…196
オオイヌタデ…201
オオイヌノフグリ…64
オオイヌホオズキ…70
オオオナモミ…10
オオカワヂシャ…66
オオキンケイギク…53
オオケタデ…201
オオジシバリ…47
オオチドメ…97
オーチャードグラス…251
オオニシキソウ…123
オオニワゼキショウ…218
オオバコ…62
オオバジャノヒゲ…227
オオバナセンダングサ…19
オオハンゴンソウ…16
オオブタクサ…12
オオボウシバナ…212
オオマツヨイグサ…104
オオミチヤナギ…191
オカトラノオ…94
オカノリ…117
オギ…237
オッタチカタバミ…129
オトコエシ…57
オドリコソウ…76
オナモミ…11
オニタビラコ…45
オニドコロ…215
オニノゲシ…43
オノマンネングサ…155
オバナ…236
オヒシバ…247
オヘビイチゴ…150
オミナエシ…56
オヤブジラミ…99
オランダガラシ…161
オランダミミナグサ…183

✱ か

ガガイモ…93
カキドオシ…75
カキネガラシ…164
カコソウ…74
カゴソウ…74
カスマグサ…135
カタバミ…128
カタバヤブマオ…205
カナムグラ…206
ガマ…208
カモガヤ…251
カモジグサ…254
カヤツリグサ…230
カラシナ…157
カラスウリ…110
カラスノエンドウ…134
カラスビシャク…211
カラスムギ…253
カラムシ…204
カワヂシャ…66
カンサイタンポポ…51
カンサイヨメナ…26
カントウタンポポ…50
カントウヨメナ…26
カントリソウ…75
キカラスウリ…111
キキョウソウ…54
キクイモ…32
ギシギシ…192
キジムシロ…151
キツネアザミ…40
キツネノヒマゴ…60
キツネノボタン…171
キツネノマゴ…60
キバナコスモス…53
キャッツアイ…64
キュウリグサ…80
キランソウ…72
キンエノコロ…249
キンミズヒキ…153
クサイ…229
クサノオウ…168
クサマオ…204
クズ…147
クスダマツメクサ…141
クレソン…161
クローバー…138
クワモドキ…12
ケイヌビエ…242
ケキツネノボタン…171
ゲンゲ…132
ゲンノショウコ…127

コアカザ…177
ゴウシュウアリタソウ…179
コウゾリナ…48
コウマゴヤシ…140
コオニタビラコ…44
コオニユリ…263
コガマ…209
コゴメガヤツリ…231
ゴジカ…83
コセンダングサ…18
コツブキンエノコロ…249
コナスビ…95
コニシキソウ…122
コハコベ…184
コバンソウ…250
コヒルガオ…83
コブナグサ…241
コマツヨイグサ…105
コミカンソウ…124
コメツブウマゴヤシ…141
コメツブツメクサ…140
コメナモミ…24
コメヒシバ…246
コモチマンネングサ…154
コンフリー…81

❋ さ
サオトメカズラ…92
ササユリ…262
サツマイモ…85
サンジソウ…189
ジゴクノカマノフタ…72
ジシバリ…47
シナガワハギ…137
シナノタンポポ…51
シマスズメノヒエ…245
シャガ…216
ジャノヒゲ…227
ジャノメギク…52
ジュズダマ…234
ショカツサイ…163
シロザ…176
シロツメクサ…138
シロノセンダングサ…19
シロバナシナガワハギ…137
シロバナタンポポ…51
シロバナニガナ…46
シロバナヒレアザミ…39
シロバナマンジュシャゲ…219
シロバナマンテマ…186
シンテッポウユリ…263
スイセン…220

スイバ…194
スカシタゴボウ…159
スカンポ…194
ススキ…236
スズメウリ…112
スズメノエンドウ…135
スズメノカタビラ…256
スズメノテッポウ…255
スズメノヒエ…245
スズメノヤリ…228
スベリヒユ…188
スミレ…115
セイタカアワダチソウ…33
セイバンモロコシ…235
セイヨウアブラナ…156
セイヨウウツボグサ…74
セイヨウカラシナ…157
セイヨウキランソウ…72
セイヨウタンポポ…50
ゼニバアオイ…117
セリ…100

❋ た
ダイコン…163
ダイコンソウ…152
タカサゴユリ…263
タカサブロウ…14
タガラシ…170
タケニグサ…167
タチイヌノフグリ…65
タチツボスミレ…114
タネツケバナ…161
タビラコ…44
タビラコ…80
タマガヤツリ…232
タマズサ…110
ダンダンキキョウ…54
ダンドボロギク…23
チガヤ…240
チカラシバ…247
チチコグサ…34
チチコグサモドキ…35
チヂミザサ…243
チドメグサ…96
ツクシメナモミ…24
ツタバウンラン…67
ツボスミレ…115
ツボミオオバコ…63
ツメクサ…182
ツユクサ…212
ツルソバ…203
ツルボ…226

ツルマメ…148
ツルマンネングサ…155
ツルヨシ…239
ツワブキ…21
テツドウグサ…30
テッポウユリ…263
トウカイタンポポ…51
トウダイグサ…120
トキワツユクサ…213
トキワハゼ…58
ドクゼリ…100
ドクダミ…181
ドクニンジン…100
トコロ…215

❋ な
ナガイモ…214
ナガエコミカンソウ…125
ナガバギシギシ…193
ナガミヒナゲシ…166
ナズナ…160
ナヨクサフジ…133
ナルコビエ…244
ニガナ…46
ニシキソウ…123
ニョイスミレ…115
ニラ…222
ニワゼキショウ…218
ニンジン…103
ヌスビトハギ…142
ヌマトラノオ…94
ネコジャラシ…248
ネジバナ…207
ノアザミ…36
ノウルシ…121
ノカンゾウ…225
ノゲシ…42
ノコンギク…27
ノダイコン…162
ノチドメ…97
ノハカタカラクサ…213
ノハラアザミ…37
ノビエ…242
ノビル…223
ノブドウ…119
ノボロギク…22
ノマメ…148
ノミノツヅリ…182
ノミノフスマ…185
ノラニンジン…103

❋ は

ハキダメギク…15
ハコベ…184
ハゼラン…189
ハタケニラ…223
ハナイバナ…81
ハナウド…102
ハナカタバミ…131
ハナダイコン…163
ハナニガナ…46
ハナニラ…221
ハハコグサ…34
ハマダイコン…162
ハルザキヤマガラシ…157
ハルジオン…29
ハルシャギク…52
ハルノノゲシ…42
ハンゴンソウ…16
ヒカゲイノコヅチ…180
ヒガンバナ…219
ヒナギキョウ…55
ヒナキキョウソウ…55
ヒナタイノコヅチ…180
ビービーグサ…255
ヒメオドリコソウ…76
ヒメガマ…209
ヒメコバンソウ…251
ヒメジョオン…28
ヒメイバ…195
ヒメダンダンキキョウ…55
ヒメチドメ…96
ヒメツルソバ…202
ヒメドコロ…215
ヒメヒオウギズイセン…217
ヒメムカシヨモギ…30
ヒメミカンソウ…125
ヒメヨツバムグラ…91
ヒヨコグサ…184
ヒヨドリジョウゴ…69
ヒルガオ…82
ヒルザキツキミソウ…107
ヒレアザミ…39
ヒレハリソウ…81
ビロードモウズイカ…68
ビロードクサフジ…133
ヒロハタンポポ…51
ヒロハホウキギク…25
フウロソウミコシグサ…127
フキ…20
フキノトウ…20
ブタクサ…13
ブタナ…49
フユアオイ…117

フユガラシ…157
フラサバソウ…65
ブラジルコミカンソウ…125
ヘクソカズラ…92
ベニバナボロギク…23
ヘビイチゴ…149
ヘラオオバコ…63
ヘラバヒメジョオン…28
ペンペングサ…160
ホウキギク…25
ホシアサガオ…85
ホソアオゲイトウ…172
ホソバアキノノゲシ…41
ホトケノザ…77
ホナガイヌビユ…174
ホンタデ…200

*ま

マカラスムギ…253
マツバウンラン…67
マツヨイグサ…105
ママコノシリヌグイ…199
マムシグサ…210
マメアサガオ…84
マメグンバイナズナ…160
マルバアサガオ…86
マルバアメリカアサガオ…87
マルバツユクサ…213
マルバハッカ…73
マルバヤハズソウ…144
マルバルコウソウ…88
マンジュシャゲ…219
マンテマ…186
ミコシグサ…127
ミズヒキ…197
ミゾソバ…198
ミソハギ…108
ミチヤナギ…191
ミツバ…101
ミツバオオハンゴンソウ…17
ミツバツチグリ…151
ミドリハコベ…184
ミミナグサ…183
ミヤコグサ…136
ムシトリナデシコ…187
ムラサキカタバミ…130
ムラサキケマン…169
ムラサキサギゴケ…58
ムラサキツメクサ…139
ムラサキツユクサ…213
メドハギ…145
メナモミ…24

メノマンネングサ…155
メヒシバ…246
メマツヨイグサ…104
メヤブマオ…205
メリケンガヤツリ…233
モジズリ…207
モチグサ…13
モトタカサブロウ…14
モミジルコウソウ…89
モントブレチア…217

✱ や

ヤイトバナ…92
ヤエムグラ…90
ヤセウツボ…61
ヤナギハナガサ…78
ヤハズソウ…145
ヤブガラシ…118
ヤブカンゾウ…224
ヤブジラミ…98
ヤブタビラコ…44
ヤブツルアズキ…146
ヤブヘビイチゴ…149
ヤブマオ…205
ヤブマメ…148
ヤブラン…226
ヤマガラシ…157
ヤマゴボウ…190
ヤマノイモ…214
ヤマブドウ…20
ユウガオ…83
ユウガギク…27
ユウゲショウ…106
ヨウシュヤマゴボウ…190
ヨウシュキランソウ…72
ヨシ…238
ヨジソウ…189
ヨツバムグラ…91
ヨメナ…26
ヨモギ…13
ヨルガオ…83

✱ ら

ラセイタソウ…205
リュウノヒゲ…227
ルコウソウ…89
ルリニワゼキショウ…218
レンゲソウ…132

✱ わ

ワスレナグサ…80
ワルナスビ…71

学名索引
index

✱ A

Abutilon theophrasti…116
Achyranthes bidentata var. japonica…180
Achyranthes bidentata var. tomentosa…180
Agrimonia pilosa var. japonica…153
Ajuga decumbens…72
Ajuga reptans…72
Allium macrostemon…223
Allium tuberosum…222
Alopecurus aequalis…255
Amaranthus hybridus…172
Amaranthus lividus var. ascendens…175
Amaranthus retroflexus…173
Amaranthus viridis…174
Ambrosia artemisiifolia…13
Ambrosia trifida…12
Ampelopsis brevipedunculata
 var. heterophylla…119
Amphicarpaea edgeworthii…148
Arenaria serpyllifolia…182
Arisaema serratum…210
Arisaema thubergii subsp. urashima…211
Artemisia princeps…13
Arthraxon hispidus…241
Aster iinumae…27
Aster ovatus var. ovatus…27
Aster subulatus var. ligulatus…25
Aster subulatus var. sandwicensis…25
Aster yomena…26
Aster yomena var. dentatus…26
Astragalus sinicus…132
Avena fatua…253

✱ B

Barbarea vulgaris…157
Barnardia japonica…226
Bidens frondosa…19
Bidens pilosa var. minor…19
Bidens pilosa var. pilosa…18
Boehmeria dura…205
Boehmeria nivea var. concolor…204
Bothriospermum tenellum…81
Brassica juncea…157
Brassica napus…156
Briza maxima…250
Briza minor…251
Bromus catharticus…252

✱ C

Calystegia hederacea…83
Calystegia japonica…82
Capsella bursa-pastoris…160

Cardamine flexuosa···161
Carduus crispus···39
Cayratia japonica···118
Cerastium glomeratum···183
Cerastium holosteoides var. hallaisanense···183
Chelidonium majus var. asiaticum···168
Chenopodium album···176
Chenopodium ambrosioides···178
Chenopodium centrorubrum···176
Chenopodium pumilio···179
Chenopodium serotinum···177
Cirsium japonicum···36
Cirsium oligophyllum···37
Cirsium vulgare···38
Coix lacryma-jobi···234
Commelina benghalensis···213
Commelina communis···212
Coreopsis lanceolata···53
Coreopsis tinctoria···52
Corydalis incisa···169
Cosmos sulphureus···53
Crassocephalum crepidioides···23
Crocosmia × crocosmiiflora···217
Cryptotaenia japonica···101
Cymbalaria muralis···68
Cyperus difformis···232
Cyperus eragrostis···233
Cyperus iria···231
Cyperus microiria···230

✣ D

Dactylis glomerata···251
Daucus carota···103
Desmodium paniculatum···143
Desmodium podocarpum
 subsp. oxyphyllum···142
Digitaria ciliaris···246
Digitaria timorensis···246
Dioscorea japonica···214
Dioscorea tenuipes···215
Dioscorea tokoro···215

✣ E

Echinochloa crus-galli···242
Echinochloa crus-galli var. echinata···242
Eclipta alba···14
Eleusine indica···247
Elymus racemifer···254
Elymus tsukushiensis var. transiens···254
Erechtites hieracifolia···23
Erigeron annuus···28
Erigeron bonariensis···31
Erigeron canadensis···30
Erigeron philadelphicus···29
Erigeron sumatrensis···31
Eriochloa villosa···244

Euchiton japonicum···34
Euphorbia adenochlora···121
Euphorbia helioscopia···120
Euphorbia humifusa
 var. pseudochamaesyce···123
Euphorbia nutans···123
Euphorbia supina···122

✣ F

Fallopia japonica···196
Farfugium japonicum···21

✣ G

Galinsoga ciliata···15
Galium gracilens···91
Galium spurium var. echinospermon···90
Galium trachyspermum···91
Gamochaeta pensylvanicum···35
Gamochaeta spicatum···35
Geranium carolinianum···126
Geranium nepalense subsp. thunbergii···127
Geum japonicum···152
Glechoma hederacea subsp. grandis···75
Glycine max subsp. soja···148

✣ H

Helianthus tuberosus···32
Hemerocallis fulva var. disticha···225
Hemerocallis fulva var. kwanso···224
Hemistepta lyrata···40
Heracleum nipponicum···102
Houttuynia cordata···181
Humulus scandens···206
Hydrocotyle maritima···97
Hydrocotyle ramiflora···97
Hydrocotyle sibthorpioides···96
Hydrocotyle yabei···96
Hypochaeris radicata···49

✣ I

Imperata cylindrica···240
Ipheion uniflorum···221
Ipomoea batatas···85
Ipomoea coccinea···88
Ipomoea hederacea···87
Ipomoea lacunosa···84
Ipomoea × multifida···89
Ipomoea purpurea···86
Ipomoea quamoclit···89
Ipomoea triloba···85
Iris japonica···216
Ixeridium dentatum···46
Ixeris japonica···47
Ixeris stolonifera···47

✣ J

Juncus tenuis···229
Justicia procumbens···60

✱ K
Kummerowia stipulacea···144
Kummerowia striata···145

✱ L
Lactuca indica···41
Lamium album var. barbatum···76
Lamium amplexicaule···77
Lamium purpureum···76
Lapsana apogonoides···44
Lapsana humilis···44
Lepidium virginicum···160
Lespedeza cuneata···145
Lilium × formolongi···263
Lilium japonicum···262
Lilium leichtlinii var. maximowiczii···263
Lindernia procumbens···59
Liriope muscari···226
Lotus corniculatus var. japonicus···136
Luzula capitata···228
Lycoris radiata···219
Lysimachia clethroides···94
Lysimachia japonica···95
Lythrum anceps···108
Lythrum salicaria···109

✱ M
Macleaya cordata···167
Malva neglecta···117
Malva verticillata···117
Mazus miquelii···58
Mazus pumilus···58
Medicago lupulina···141
Melilotus officinalis subsp. suaveolens···137
Melothria japonica···112
Mentha suaveolens···73
Metaplexis japonica···93
Miscanthus sacchariflorus···237
Miscanthus sinensis···236
Myosotis scorpioides···80

✱ N
Narcissus tazetta var. chinensis···220
Nasturtium officinale···161
Nothoscordum gracile···223
Nuttallanthus canadensis···68

✱ O
Oenanthe javanica···100
Oenothera biennis···104
Oenothera glazioviana···104
Oenothera laciniata···105
Oenothera rosea···106
Oenothera speciosa···107
Oenothera stricta···105
Ophiopogon japonicus···227
Ophiopogon planiscapus···227
Oplismenus undulatifolius···243
Ornithogalum umbellatum···221
Orobanche minor···61
Orychophragmus violaceus···163
Oxalis articulata···131
Oxalis bowieana···131
Oxalis corniculata···128
Oxalis corymbosa···130
Oxalis dillenii···129

✱ P
Paederia scandens···92
Papaver dubium···166
Paspalum dilatatum···245
Paspalum thunbergii···245
Patrinia scabiosaefolia···56
Patrinia villosa···57
Pennisetum alopecuroides···247
Persicaria capitata···202
Persicaria chinensis···203
Persicaria filiformis···197
Persicaria lapathifolia···201
Persicaria longiseta···200
Persicaria orientalis···201
Persicaria perfoliata···199
Persicaria senticosa···199
Persicaria sieboldi···198
Persicaria thunbergii···198
Petasites japonicus···20
Pharbitis nil···87
Phragmites australis···238
Phragmites japonica···239
Phyllanthus matsumurae···125
Phyllanthus tenellus···125
Phyllanthus lepidocarpus···124
Phytolacca americana···190
Phytolacca esculenta···190
Picris hieracioides subsp. japonica···48
Pinellia ternata···211
Plantago asiatica···62
Plantago lanceolata···63
Plantago virginica···63
Poa annua···256
Polygonum aviculare···191
Portulaca oleracea···188
Potentilla anemonifolia···150
Potentilla fragarioides var. major···151
Potentilla freyniana···151
Potentilla hebiichigo···149
Potentilla indica···149
Prunella vulgaris subsp. asiatica···74
Pseudognaphalium affine···34

Pueraria lobata···147

✴ R
Ranunculus cantoniensis···171
Ranunculus sceleratus···170
Ranunculus silerifolius···171
Raphanus sativus···163
Raphanus sativus var. raphanistroides···162
Rorippa indica···158
Rorippa islandica···159
Rudbeckia hirta var. pulcherrima···17
Rudbeckia laciniata···16
Rudbeckia triloba···17
Rumex acetosa···194
Rumex acetosella···195
Rumex conglomeratus···193
Rumex crispus···193
Rumex japonicus···192
Rumex obtusifolius···193

✴ S
Sagina japonica···182
Sedum bulbiferum···154
Sedum sarmentosum···155
Sedum uniflorum subsp. japonicum···155
Senecio vulgaris···22
Setaria faberi···249
Setaria pumila···249
Setaria viridis···248
Sicyos angulatus···113
Siegesbeckia orientalis subsp. glabrescens···24
Siegesbeckia orientalis subsp. pubescens···24
Silene armeria···187
Silene gallica var. gallica···186
Silene gallica var. quinquevulnera···186
Sisymbrium officinale···164
Sisymbrium orientale···165
Sisyrinchium atlanticum···218
Solanum carolinense···71
Solanum lyratum···69
Solanum nigrescens···70
Solanum nigrum···70
Solidago altissima···33
Sonchus asper···43
Sonchus oleraceus···42
Sorghum halepense···235
Spiranthes sinensis var. amoena···207
Stellaria alsine var. undulata···185
Stellaria aquaticum···185
Stellaria media···184
Stellaria neglecta···184
Symphytum officinale···81

✴ T
Talinum triangulare···189
Taraxacum albidum···51
Taraxacum hondoense···51
Taraxacum japonicum···51
Taraxacum longeappendiculatum···51
Taraxacum officinale···50
Taraxacum platycarpum···50
Torenia crustacea···59
Torilis japonica···98
Torilis scabra···99
Tradescantia fluminensis···213
Trichosanthes cucumeroides···110
Trichosanthes kirilowii var. japonica···111
Trifolium campestre···141
Trifolium dubium···140
Trifolium pratense···139
Trifolium repens···138
Trigonotis peduncularis···80
Triodanis biflora···55
Triodanis perfoliata···54
Typha angustifolia···209
Typha latifolia···208
Typha orientalis···209

✴ V
Verbascum thapsus···67
Verbena bonariensis···78
Verbena brasiliensis···79
Veronica arvensis···65
Veronica didyma var. lilacina···64
Veronica hederaefolia···65
Veronica persica···64
Veronica undulata···66
Vicia angustifolia···134
Vicia hirsuta···135
Vicia tetrasperma···135
Vicia villosa subsp. varia···133
Vigna angularis var. nipponensis···146
Viola grypoceras···114
Viola mandshurica···115
Viola verecunda···115
Vitis ficifolia···119

✴ W
Wahlenbergia marginata···55

✴ X
Xanthium italicum···11
Xanthium occidentale···10
Xanthium strumarium···11

✴ Y
Youngia japonica···45

監修	近田文弘
写真	亀田龍吉
構成・文	有沢重雄

写真協力	鈴木庸夫(ANTHO PHOTOS)、平野隆久、谷城勝弘
アートディレクション	紀太みどり(tiny)
レイアウトデザイン	片岡大昌
デザイン協力	千葉美穂
校閲	小学館クオリティセンター、小学館クリエイティブ
編集	小林由佳(小学館)

参考文献

いがりまさし『山溪ハンディ図鑑11 日本の野菊』山と溪谷社、2007
Iwatsuki, K.et al.『Flora of Japan』、Kodansha 1993 et al.
Willis, J.C.『A Dictionary of the Flowering Plants and Ferns』Cambridge、1966
岡村は他『図解生物観察事典』地人書館、1993
長田武正『原色日本帰化植物図鑑』保育社、1976
中国科学院植物研究所主編『中国高等植物図鑑』科学出版社、1971他
神奈川県植物誌調査会『神奈川県植物誌』神奈川県立生命の星・地球博物館、2002
Gleason, H. & A. Cronquist『Manual of Vascular Plants of Northern United Stats and
Adjacent Canada』New York Botanical Garden、1991
近田文弘他『春夏秋冬の植物』静岡新聞社、1975
近田文弘他『野の植物』旺文社、2000
近田文弘他『帰化植物を楽しむ』トンボ出版、2006
佐竹義輔他『日本の野生植物』平凡社、1981他
島袋敬一『琉球列島維管束植物集覧』九州大学出版会、1997
清水建美『図説植物用語事典』八坂書房、2001
清水建美『日本の帰化植物』平凡社、2003
清水矩宏他『日本帰化植物写真図鑑』全国農村教育協会、2001
塚本洋太郎『園芸植物大事典』小学館、1988他
林弥栄監修『山溪ハンディ図鑑1 野に咲く花』山と溪谷社、1989
久内清孝『帰化植物』科学図書出版社、1950
Blamey, M. & Ch. Grey-Wilson『Illustrated Flora of Britain and Northern Europe』
Hodder & Stoughton、1989
牧野富太郎『牧野新日本植物図鑑』北隆館、1961
谷城勝弘『カヤツリグサ科入門図鑑』全国農村教育協会、2007

花と葉で見わける野草

2010年4月10日　初版第1刷発行
2022年8月13日　　　第8刷発行

監　修	近田文弘
著　者	亀田龍吉・有沢重雄
発行人	青山明子
発行所	株式会社 小学館
	〒101-8001　東京都千代田区一ツ橋2-3-1
	電話　03-3230-5421(編集)　03-5281-3555(販売)
印刷所	NISSHA株式会社
製本所	株式会社若林製本工場

造本には十分注意しておりますが、印刷、製本など製造上の不備が
ございましたら「制作局コールセンター」(フリーダイヤル0120-336-340)に
ご連絡ください。(電話受付は、土・日・祝休日を除く9:30〜17:30)
本書の無断での複写(コピー)、上演、放送等の二次利用、翻案等は、
著作権法上の例外を除き禁じられています。
本書の電子データ化などの無断複製は著作権法上の例外を除き禁じられています。
代行業者等の第三者による本書の電子的複製も認められておりません。

©Shogakukan 2010 Printed in Japan
ISBN 978-4-09-208303-5